丹麦BIG建筑事务所/著

付云伍/译

BIG

广西师范大学出版社

· 桂林 ·

目 录

未来

月球

火星

地球

附录　668

2020　728

THE FUTURE
IS ALREADY
HERE—
IT'S JUST
NOT VERY
EVENLY
DISTRIBUTED

未来已经到来，只是尚未全面呈现

WILLIAM GIBSON

威廉·吉布森

FROM TAKING SHAPE TO GIVING FORM

从成形到赋形

在丹麦语中，"设计"一词为"formgivning"，其字面意思是为尚未成形的事物赋予形式。换言之，赋形于未来，更确切地说，是塑造未来世界的形式——我们都希望有一天发现自己生活在其中。若想有能力去想象一个与今日截然不同的未来，我们要做的就是回顾过去十年、百年，甚至千年，从根本上认识到那时的事物与当今是何等的不同，若我们能以同样清晰的视野展望未来，情况也会是如此。

由过去我们可以得知，未来注定与今天有所不同，所以我们应具备塑造其形式的能力，而不是坐等其自然成形。为了让人们了解我们周围的世界在前人的手中是如何从古至今逐步成形的，我们将本书第一部分的内容按照一个减速的对数时间轴来组织，涵盖范围从大爆炸时期（人类已知的最古老的时间点）直到当今时代。该时间轴围绕六条进化线索有序展开——制造、感知、思维、移动、维持和修复，讲述它们如何从过去进化而来，未来又将怎样继续进化。

1. 制造的进化，始于物质的起源，经过工艺和工业控制，发展到机器人制造阶段。
2. 感知的进化，使我们的能力从感知现实发展到创造虚拟现实和增强现实。
3. 思维的进化，从智能的黎明发展到人工智能直至群体智能的出现。
4. 移动的进化，从生命形式在地球上的移动，演变为未来的星际迁移，为人类的栖息地增添了新的地质可能性。
5. 维持的进化，是生物从周围环境——热量、阳光、化学物质、生物质能、重力及原子辐射——获取能量的能力得到提升。
6. 修复的进化，使我们从反应性医学演变为主动性医学。

我们开始看到一些轨迹，从而绘制出一条从过去到现在再到未来的路线图。面对日常生活中错综复杂的挑战，这些轨迹使我们能够坚定地注视着时间的轴线，防止我们因眼下随机出现的干扰而偏离。在某种程度上，这六条进化线索将成为我们走向未来的航图，不仅仅在空间上，更在时间上，为我们指引航向。

我们没有将时间轴延续到未知的未来，而是让它通过我们目前在哥本哈根、伦敦、巴塞罗那和纽约的工作室做的一系列项目来展现。用威廉·吉布森（William Gibson）的话来说："未来已经到来，只是尚未全面呈现。"当你注视着我们事务所的工作台、模型室和电脑屏幕时，你所发现的具体片段，实际上是正在塑造中的五年或五十年之后的未来世界。我们知道自己没有预测的能力，但我们有提议的权利。无论我们的影响力多么有限，如果每个人都试图在自己的能力范围内有所作为，那么近80亿人的群体影响力几乎是无限的，所有人都是他们期望看到的那个世界中的变量。

制　造

制造的进化，始于物质的起源，经过工艺和工业控制，发展到机器人制造。

建筑是将虚构变为现实的艺术和科学。不断改变的是我们手中将想法变成现实的工具。我们建筑师不仅受到自身想象力、技术技能和创造力的限制，还受限于指导和赋予他人去构建我们所构想的事物的能力。虽然设计界已经拥有令人难以置信的工具，可用于计算机辅助设计和建筑信息管理，但是当建造建筑时，其设计的复杂过程就结束了，取而代之的是中世纪的纸墨和手锤技术。

当我们设计2010年上海世博会丹麦馆时，我们交付的项目是一个完全数字化的建筑信息模型，该模型需要用CAD/CAM（计算机辅助设计与制造）技术切割钢材，并确保偏差在2毫米以内。中标的承包商决定先打印二维图纸，然后用剪刀剪成模板，再用粉笔按照模板将图纸画到钢材上（手绘的粉笔线比我们预期的偏差大3倍），最后用手持焊枪切割钢材。

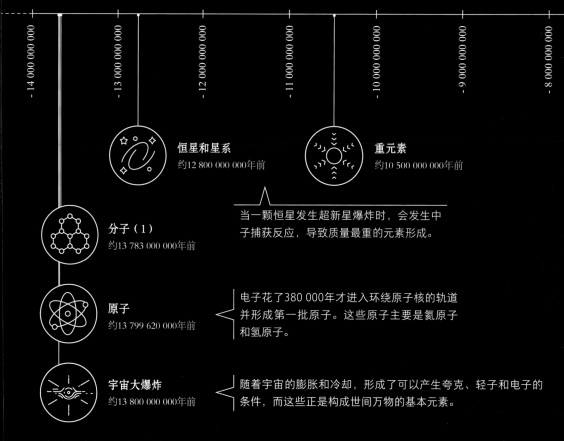

- 14 000 000 000
- 13 000 000 000
- 12 000 000 000
- 11 000 000 000
- 10 000 000 000
- 9 000 000 000
- 8 000 000 000

恒星和星系
约12 800 000 000年前

重元素
约10 500 000 000年前

分子（1）
约13 783 000 000年前

当一颗恒星发生超新星爆炸时，会发生中子捕获反应，导致质量最重的元素形成。

原子
约13 799 620 000年前

电子花了380 000年才进入环绕原子核的轨道并形成第一批原子。这些原子主要是氦原子和氢原子。

宇宙大爆炸
约13 800 000 000年前

随着宇宙的膨胀和冷却，形成了可以产生夸克、轻子和电子的条件，而这些正是构成世间万物的基本元素。

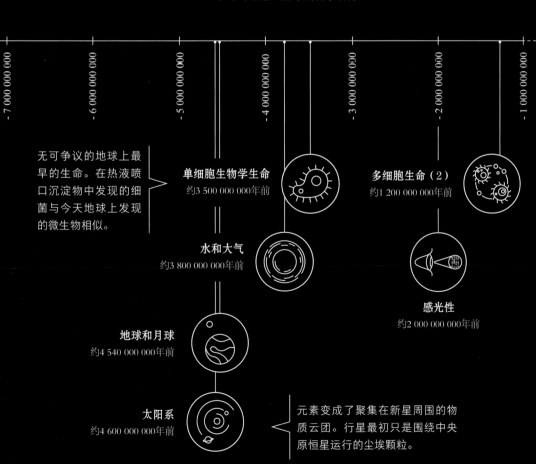

（1）维生素B$_{12}$分子的化学结构

无可争议的地球上最早的生命。在热液喷口沉淀物中发现的细菌与今天地球上发现的微生物相似。

单细胞生物学生命
约3 500 000 000年前

水和大气
约3 800 000 000年前

地球和月球
约4 540 000 000年前

太阳系
约4 600 000 000年前

多细胞生命（2）
约1 200 000 000年前

感光性
约2 000 000 000年前

元素变成了聚集在新星周围的物质云团。行星最初只是围绕中央原恒星运行的尘埃颗粒。

-7 000 000 000　　-6 000 000 000　　-5 000 000 000　　-4 000 000 000　　-3 000 000 000　　-2 000 000 000　　-1 000 000 000

不可避免的误差用一把非常大的锤子解决了。我们为设计付出的努力在从数据到实物的转换过程中损失了一半。

机器人制造使我们有能力将可以想象到的任何事物变为现实。机器人制造是将虚拟现实转变为物质现实的直接物化过程，但这并不意味着工艺的终结，而是一种保护工艺的新方法。以日本细木工为例，这是一种与工匠们共存亡的工艺。如果将这种工艺编码植入机器人，它就会被永久保存下来；而如果再结合人工智能设计，这种工艺不仅会被保存下来，还会恢复活力并有可能进一步演化。建筑师处在所有真实和概念性事物的汇聚点，利用从古至今的海量数据，可以即时保存这些历史元素，将新技术与古代工艺结合。未来的制造将走向数据和物质的完全融合，意图和执行终可实现知行合一。

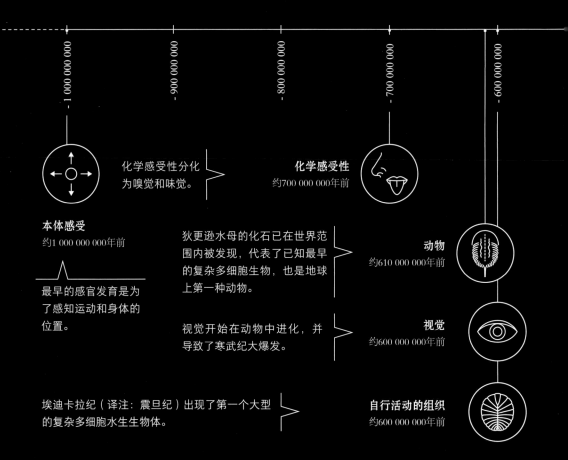

化学感受性分化
为嗅觉和味觉。

化学感受性
约700 000 000年前

本体感受
约1 000 000 000年前

最早的感官发育是为
了感知运动和身体的
位置。

狄更逊水母的化石已在世界范
围内被发现，代表了已知最早
的复杂多细胞生物，也是地球
上第一种动物。

动物
约610 000 000年前

视觉开始在动物中进化，并
导致了寒武纪大爆发。

视觉
约600 000 000年前

埃迪卡拉纪（译注：震旦纪）出现了第一个大型
的复杂多细胞水生生物体。

自行活动的组织
约600 000 000年前

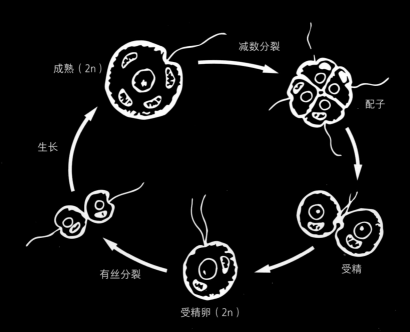

（2）配子减数分裂图示

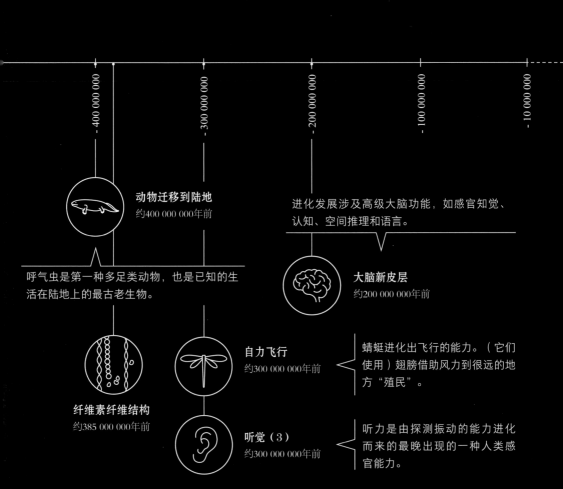

动物迁移到陆地
约400 000 000年前

进化发展涉及高级大脑功能，如感官知觉、认知、空间推理和语言。

呼气虫是第一种多足类动物，也是已知的生活在陆地上的最古老生物。

大脑新皮层
约200 000 000年前

纤维素纤维结构
约385 000 000年前

自力飞行
约300 000 000年前

蜻蜓进化出飞行的能力。（它们使用）翅膀借助风力到很远的地方"殖民"。

听觉（3）
约300 000 000年前

听力是由探测振动的能力进化而来的最晚出现的一种人类感官能力。

感　知

感知的进化，使我们的能力从感知现实发展到创造虚拟现实和增强现实。

根据凯文·凯利（Kevin Kelly）的说法，全球广域网（The Web）是第一个收集所有信息并使其服从于算法力量的大型平台。第二个平台是社交媒体，它收集人际关系并使其受制于算法的力量。当每一个单独的实体相互关联，并服从于算法的力量相互感知和响应时，便形成了第三个平台。每一个实体都将拥有一个数字化的孪生兄弟，每一个实体空间都将对应一个虚拟空间。这个平台，亦称镜像世界，是建筑现实意义的回归。

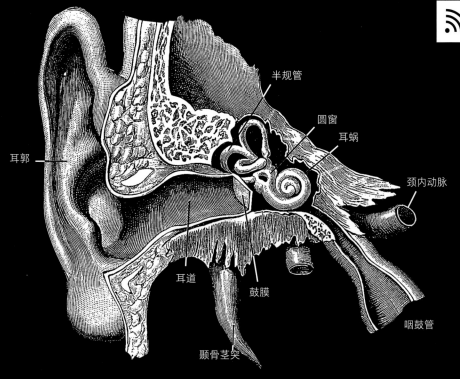

半规管

圆窗

耳蜗

颈内动脉

耳郭

耳道

鼓膜

咽鼓管

颞骨茎突

（3）人类内耳和外耳的示意图

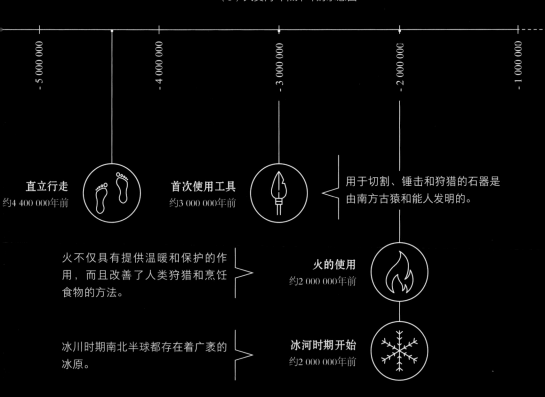

直立行走
约4 400 000年前

首次使用工具
约3 000 000年前

用于切割、锤击和狩猎的石器是
由南方古猿和能人发明的。

火不仅具有提供温暖和保护的作用，而且改善了人类狩猎和烹饪食物的方法。

火的使用
约2 000 000年前

冰川时期南北半球都存在着广袤的冰原。

冰河时期开始
约2 000 000年前

万物有灵论是所有宗教的起源。它是一种信仰体系，认为我们周围的所有动物和物体都是有生命的，都具有灵性和活力——无论鹿、树木、河流还是岩石。当广泛使用的物联网技术将信仰转变为预言时，我们将开启万物有灵论 2.0 版本，因为我们周围的所有物体都将具有生命、意识、知觉和感觉。这一次，它将是关于技术和创造力的理论，而不是关于信仰和迷信的理论，它会使我们的环境变得生机勃勃。经过 40 年几乎完全致力于非物质和数字领域的投资和创新，硅谷终将跨越这道新的门槛，从虚拟世界进军现实世界。这些门户或会合的空间将是设计未来的前沿，在那里，建筑师可能最终会具备数字革命中所需的专业知识，长期被遗忘的物理空间将被扩展出新的现实意义。

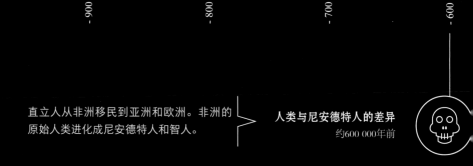

-1 000 000　-900 000　-800 000　-700 000　-600 000

直立人从非洲移民到亚洲和欧洲。非洲的原始人类进化成尼安德特人和智人。

人类与尼安德特人的差异
约600 000年前

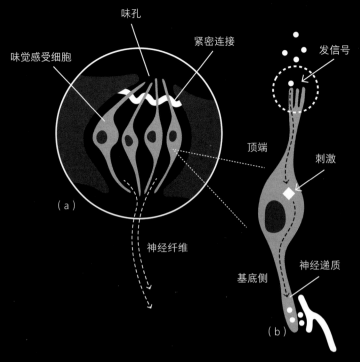

味孔

紧密连接

味觉感受细胞

发信号

顶端

刺激

（a）

神经纤维

基底侧

神经递质

（b）

（4）味蕾（a）和味觉感受细胞（b）示意图

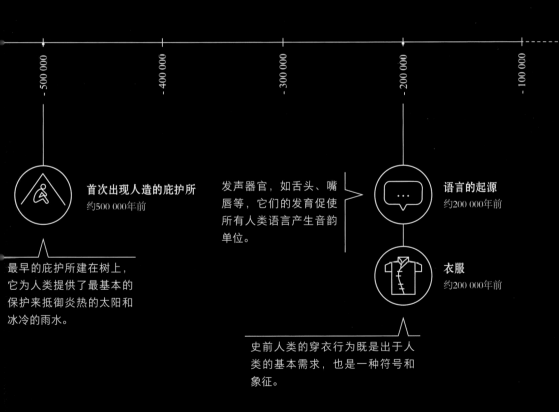

- 500 000

- 400 000

- 300 000

- 200 000

- 100 000

首次出现人造的庇护所
约500 000年前

发声器官，如舌头、嘴唇等，它们的发育促使所有人类语言产生音韵单位。

语言的起源
约200 000年前

最早的庇护所建在树上，它为人类提供了最基本的保护来抵御炎热的太阳和冰冷的雨水。

衣服
约200 000年前

史前人类的穿衣行为既是出于人类的基本需求，也是一种符号和象征。

维　持

维持的进化，是生物从周围环境——热量、阳光、化学物质、生物质能、重力及原子辐射——获取能量的能力得到提升。

生命是宇宙用来对抗熵的（唯一）发明。我们在这个混乱的世界上建立秩序的初期努力是一种基本的生存方式。在觅食和迁徙中，我们学会了很多方法去征服自然、驯化植物和动物、利用水流的能量和风能，并通过燃火释放生物和化石中储存的能量。建筑和都市化只不过是我们不断努力解决温饱问题，并为人造环境提供能源的副产品。

据称，人类世是由12 000年前农业的出现和定居的生活方式触发的，因此2022年是人类世日历的12 022年。我们拦河筑坝、灌溉沙漠、伐树造田的初衷与能力已经开始失控，其表现形式为全球变暖、冰川融化、苔原融化、海平面上升和风速加快。

| -100 000 | | -90 000 | | -80 000 | | -70 000 | | -60 000 |

50cm

50cm

30cm

(a)

(b)

50cm

（5）一种水平波斯风车磨坊的剖面图（a）和平面图（b）

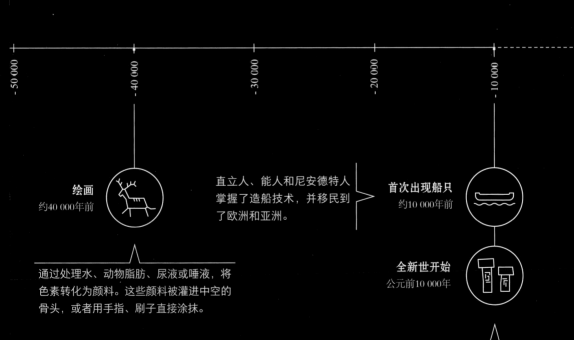

−50 000

−40 000

−30 000

−20 000

−10 000

绘画
约40 000年前

直立人、能人和尼安德特人
掌握了造船技术，并移民到
了欧洲和亚洲。

首次出现船只
约10 000年前

通过处理水、动物脂肪、尿液或唾液，将
色素转化为颜料。这些颜料被灌进中空的
骨头，或者用手指、刷子直接涂抹。

全新世开始
公元前10 000年

全新世纪历是一种年份编号系统，相当于在我
们目前的纪年法中多加10 000年，并将人类从
狩猎－采集的生活方式过渡到农业和固定定居

事实证明，我们在局部地区的生活方式已经对全球产生了影响。我们认知世界的传统思维方式已经过时了。我们曾将世界视为一个无限大的空间，认为局部活动的影响会消失在稀薄的空气中，但是如今我们必须转变观念，将世界理解为一个封闭的循环系统。排放物以温室气体的形式出现在外层大气中；塑料瓶几乎可以汇聚成一个比得克萨斯州面积大一倍的太平洋群岛；来自亚洲河流的塑料可以将远在数千千米之外的加拉帕戈斯群岛周围海面堵塞。因此，没有全球视野的自然保护将是徒劳的，我们必须在全球范围内共同努力。没有农村，城市就不能再形成。城市和农村、发展和保护、基础设施和娱乐活动必须成为同一棱柱体的多个方面。正如我们可以将塑造形式的力量应用于一个物体、一座建筑物、一个街区、一座城市，甚至一个国家，我们也可以而且必须将其应用于整个地球的规模和范围之内。

我们对衣食住行的追求使我们认识到可持续性的必要性。资源开采必须变成资源再生，线性过程应当折叠成循环过程。"地球2.0版本"将用一个以永恒运动为驱动力的新世界，取代一个必然被文化的无序化耗尽的世界。

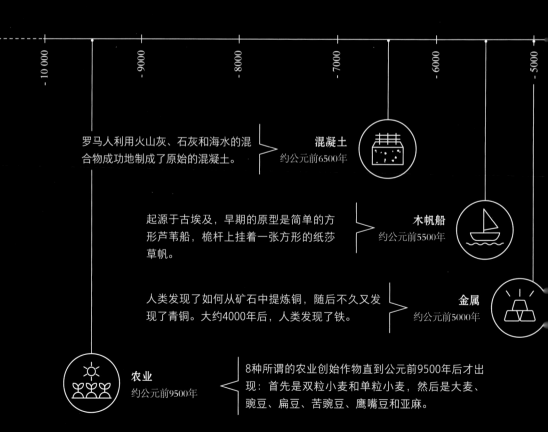

罗马人利用火山灰、石灰和海水的混合物成功地制成了原始的混凝土。

混凝土
约公元前6500年

起源于古埃及，早期的原型是简单的方形芦苇船，桅杆上挂着一张方形的纸莎草帆。

木帆船
约公元前5500年

人类发现了如何从矿石中提炼铜，随后不久又发现了青铜。大约4000年后，人类发现了铁。

金属
约公元前5000年

农业
约公元前9500年

8种所谓的农业创始作物直到公元前9500年后才出现：首先是双粒小麦和单粒小麦，然后是大麦、豌豆、扁豆、苦豌豆、鹰嘴豆和亚麻。

（6）描绘托马斯·萨弗里蒸汽机的版画

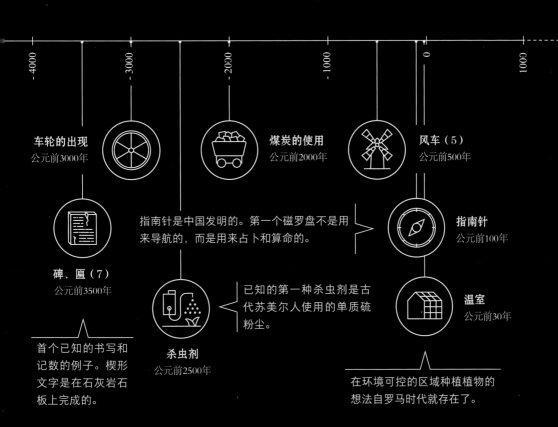

车轮的出现
公元前3000年

煤炭的使用
公元前2000年

风车（5）
公元前500年

指南针是中国发明的。第一个磁罗盘不是用来导航的，而是用来占卜和算命的。

指南针
公元前100年

碑、匾（7）
公元前3500年

已知的第一种杀虫剂是古代苏美尔人使用的单质硫粉尘。

温室
公元前30年

首个已知的书写和记数的例子。楔形文字是在石灰岩石板上完成的。

杀虫剂
公元前2500年

在环境可控的区域种植植物的想法自罗马时代就存在了。

思　维

思维的进化是从生物智能的黎明走向人工智能的旅程。我们相信人工智能将不可避免地应用于创造过程中，但人的因素也会变得越来越重要。

今天，最强大的国际象棋电脑可以战胜世界上最伟大的象棋大师。但是，如果为大师配上一台强大的国际象棋电脑，他就能击败任何机器。人机共生才是最强大的，与象棋大师一样，运用人工智能的建筑师将拥有前所未有的塑造形式的力量。

我们正在谈论的不是效率和速度的增量提高，而是生成形式和想法的能力，如果只依靠人类设计师，这是无法想象的。不知疲倦的处理能力、无数实验的耐心操作，以及对世界全部知识的即时访问，使人工智能成为分析实验的强大盟友。它能够最终判断出人类设计师无法理解的各种可能性。如果我们想要超越自身想象力的极限，将不得不与人工智能设计师合作。

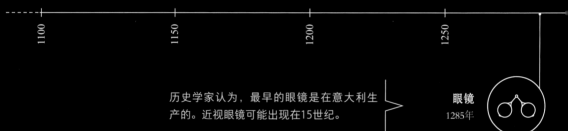

1100　　　　　　1150　　　　　　1200　　　　　　1250

历史学家认为，最早的眼镜是在意大利生产的。近视眼镜可能出现在15世纪。

眼镜
1285年

	星星	头	麦子	人	国王	太阳	雨	房子	罐子	芦苇	鱼
线条字符											
古巴比伦											
线形亚述 字符											
新巴比伦											

（7）楔形文字符号简化表格

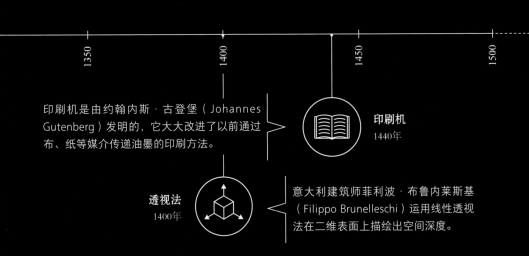

印刷机是由约翰内斯·古登堡（Johannes Gutenberg）发明的，它大大改进了以前通过布、纸等媒介传递油墨的印刷方法。

印刷机
1440年

透视法
1400年

意大利建筑师菲利波·布鲁内莱斯基（Filippo Brunelleschi）运用线性透视法在二维表面上描绘出空间深度。

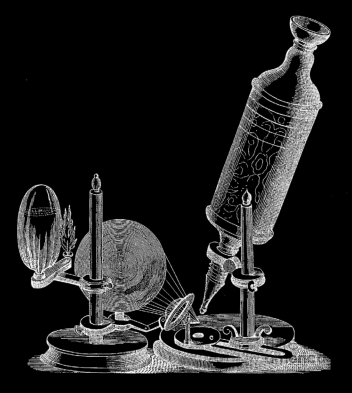

（8）描绘罗伯特·胡克显微镜的木刻画

1500　　　　1550　　　　1600　　　　1650

尸体解剖
1510年

显微镜（8）
1665年

莱昂纳多·达芬奇（Leonardo da Vinci）
解剖了人体，并准确地绘出他所看到的
一切。

罗伯特·胡克（Robert Hooke）发明了显微
镜，并在他的《显微术》（Micrographia）
一书中描述了细胞。

工程师兼发明家托马斯·萨弗里（Thomas Savery）
申请了一种机器的专利，这种机器可以有效地利用
蒸汽压力从被水淹没的矿井中抽水。

蒸汽机（6）
1698年

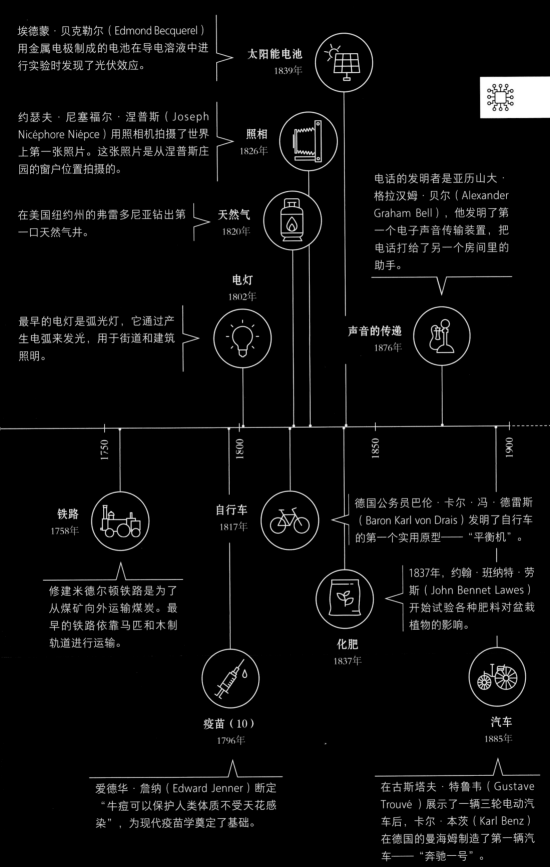

埃德蒙·贝克勒尔（Edmond Becquerel）用金属电极制成的电池在导电溶液中进行实验时发现了光伏效应。

太阳能电池
1839年

约瑟夫·尼塞福尔·涅普斯（Joseph Nicéphore Niépce）用照相机拍摄了世界上第一张照片。这张照片是从涅普斯庄园的窗户位置拍摄的。

照相
1826年

电话的发明者是亚历山大·格拉汉姆·贝尔（Alexander Graham Bell），他发明了第一个电子声音传输装置，把电话打给了另一个房间里的助手。

在美国纽约州的弗雷多尼亚钻出第一口天然气井。

天然气
1820年

电灯
1802年

最早的电灯是弧光灯，它通过产生电弧来发光，用于街道和建筑照明。

声音的传递
1876年

1750 1800 1850 1900

铁路
1758年

自行车
1817年

德国公务员巴伦·卡尔·冯·德雷斯（Baron Karl von Drais）发明了自行车的第一个实用原型——"平衡机"。

修建米德尔顿铁路是为了从煤矿向外运输煤炭。最早的铁路依靠马匹和木制轨道进行运输。

1837年，约翰·班纳特·劳斯（John Bennet Lawes）开始试验各种肥料对盆栽植物的影响。

化肥
1837年

疫苗（10）
1796年

汽车
1885年

爱德华·詹纳（Edward Jenner）断定"牛痘可以保护人类体质不受天花感染"，为现代疫苗学奠定了基础。

在古斯塔夫·特鲁韦（Gustave Trouvé）展示了一辆三轮电动汽车后，卡尔·本茨（Karl Benz）在德国的曼海姆制造了第一辆汽车——"奔驰一号"。

修　复

修复的进化，使西方医学从反应性医学演变为主动性医学。地球上的生命通过逐渐适应环境而得到进化，每一个生态位都提供了一个新的栖息地，栖息地反过来又塑造了它的居民，直到我们发现了赋予形式的力量并创造了工具、技术和建筑。然后，我们获得了让环境适应自身需求的能力。我们无须爬树，因为我们可以设计自己的树。我们不必探索洞穴，因为我们可以设计自己的洞穴。随之而来的问题是，我们想要什么样的树，想住在什么样的洞穴中？我们开始塑造我们想要生活于其中的世界——一个由我们的生活塑造的世界。

现在，我们的旅程即将形成一个完整的循环，因为修复的力量已经从修复或替换"损坏的能力"转变为发明"新的能力"；从恢复失去的感官到探索第六感、第七感，甚至创造更高层次的新感官；从延缓不可避免的衰老、衰退，到通过生物工程实现生命的永续。

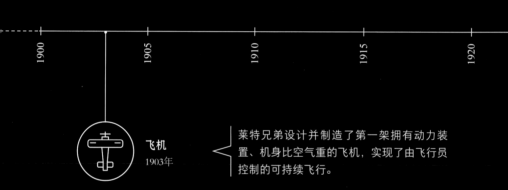

| 1900 | 1905 | 1910 | 1915 | 1920 |

飞机
1903年

莱特兄弟设计并制造了第一架拥有动力装置、机身比空气重的飞机，实现了由飞行员控制的可持续飞行。

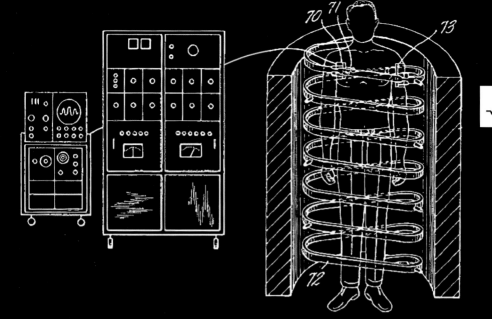

（9）第一台核磁共振（MRI）扫描仪的专利图纸

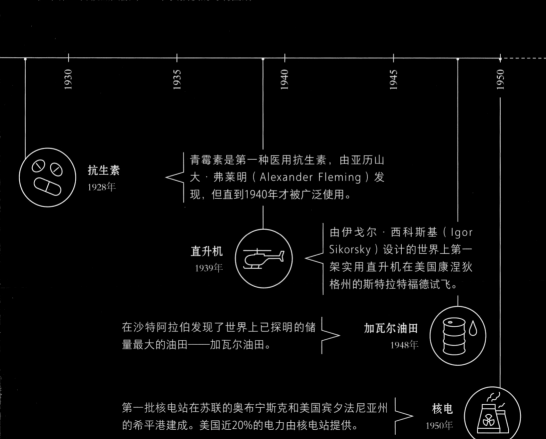

抗生素
1928年

青霉素是第一种医用抗生素，由亚历山大·弗莱明（Alexander Fleming）发现，但直到1940年才被广泛使用。

直升机
1939年

由伊戈尔·西科斯基（Igor Sikorsky）设计的世界上第一架实用直升机在美国康涅狄格州的斯特拉特福德试飞。

在沙特阿拉伯发现了世界上已探明的储量最大的油田——加瓦尔油田。

加瓦尔油田
1948年

第一批核电站在苏联的奥布宁斯克和美国宾夕法尼亚州的希平港建成。美国近20%的电力由核电站提供。

核电
1950年

如果逃逸速度是物体脱离巨大物体的引力束缚所需的最小速度，那么当预期寿命比时间流逝得更快时，就可以获得寿命逃逸速度。随着治疗方法和技术的进步，预期寿命一直在逐渐增加，但每增加一年的预期寿命就需要一年以上的研究。这一比率的倒数就是寿命逃逸速度，因此，预期寿命的加速度高于每年延寿一岁。延长寿命的速度虽然缓慢，但肯定会赶上时间的速度。

最后，如果我们塑造了自己的环境，反过来，环境也塑造了我们，当我们问自己想要如何生活时，我们也在问自己想要成为什么样的人。如果我们迁移到其他星球，第一代真正出生在月球和火星的人将不可避免地比他们的人类祖先长得更高、更瘦，因为他们摆脱了地心引力的影响。当我们开始为完成改造火星或月球的艰巨任务而奋斗时，我们可能会发现，改变我们自己可能比改变我们的世界更简单。现在，是时候运用"赋形"的力量了，不仅要问我们是谁，还要问自己想成为什么——从人类存在体（human beings）到成为人类生成体（human becomings）。

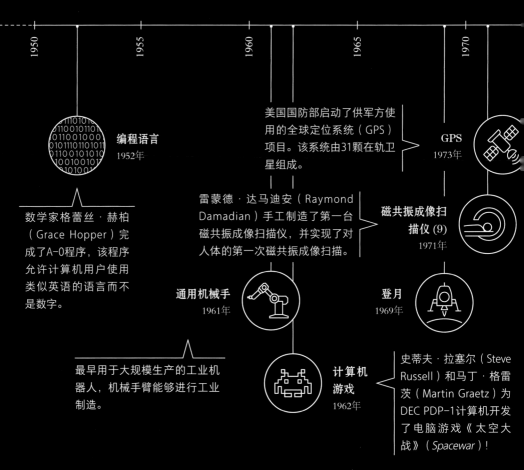

1950 1955 1960 1965 1970

美国国防部启动了供军方使用的全球定位系统（GPS）项目。该系统由31颗在轨卫星组成。

GPS
1973年

编程语言
1952年

数学家格蕾丝·赫柏（Grace Hopper）完成了A-0程序，该程序允许计算机用户使用类似英语的语言而不是数字。

雷蒙德·达马迪安（Raymond Damadian）手工制造了第一台磁共振成像扫描仪，并实现了对人体的第一次磁共振成像扫描。

磁共振成像扫描仪 (9)
1971年

通用机械手
1961年

登月
1969年

最早用于大规模生产的工业机器人，机械手臂能够进行工业制造。

计算机游戏
1962年

史蒂夫·拉塞尔（Steve Russell）和马丁·格雷茨（Martin Graetz）为DEC PDP-1计算机开发了电脑游戏《太空大战》（Spacewar）！

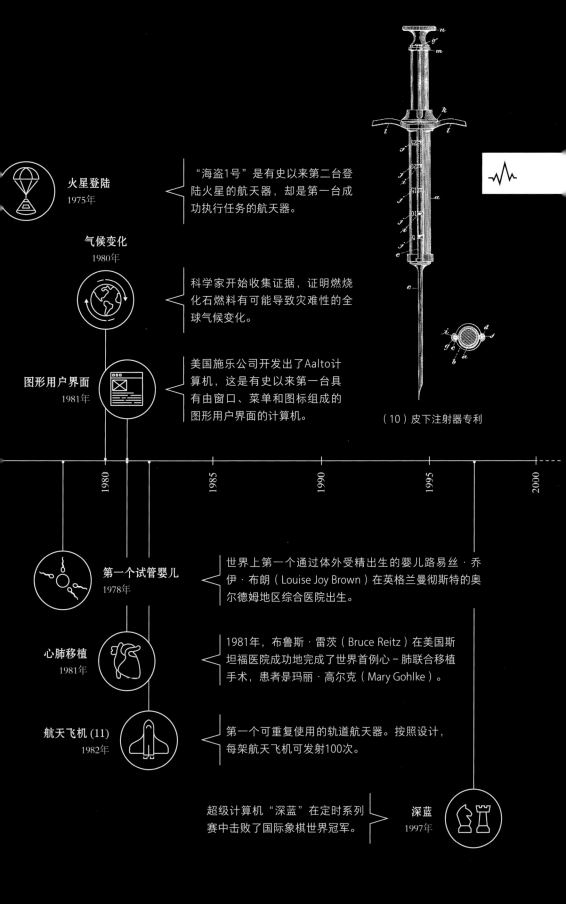

火星登陆
1975年

"海盗1号"是有史以来第二台登陆火星的航天器，却是第一台成功执行任务的航天器。

气候变化
1980年

科学家开始收集证据，证明燃烧化石燃料有可能导致灾难性的全球气候变化。

图形用户界面
1981年

美国施乐公司开发出了Aalto计算机，这是有史以来第一台具有由窗口、菜单和图标组成的图形用户界面的计算机。

（10）皮下注射器专利

1980   1985   1990   1995   2000

第一个试管婴儿
1978年

世界上第一个通过体外受精出生的婴儿路易丝·乔伊·布朗（Louise Joy Brown）在英格兰曼彻斯特的奥尔德姆地区综合医院出生。

心肺移植
1981年

1981年，布鲁斯·雷茨（Bruce Reitz）在美国斯坦福医院成功地完成了世界首例心－肺联合移植手术，患者是玛丽·高尔克（Mary Gohlke）。

航天飞机 (11)
1982年

第一个可重复使用的轨道航天器。按照设计，每架航天飞机可发射100次。

超级计算机"深蓝"在定时系列赛中击败了国际象棋世界冠军。

深蓝
1997年

移　动

移动已经让我们走遍了整个地球并进军月球和火星，进入了星际迁移的黎明。生命的本质就是空间的探索。生命本起源于水，现已经迁移到了陆地。

人类不断地超越自我，走出舒适区，前往困难丛生的地方，发明必要的技术来生存，这是深深根植于我们骨子里的天性。如果没有生火、生产毛皮、制造工具和建造庇护所等复杂的技术，人类不可能到达斯堪的纳维亚半岛。在人类下一步移居火星的探索中，我们只是要从海中航行改为在浩瀚的太空中航行。有人说，没有证据表明我们的创造力会随着年龄的增长而降低，但是我们做同样事情的时间越长，我们的创造力就会越低。我们无法想象有什么比在另一个星球上解决建筑挑战更能振兴建筑行业的了。火星要形成一个生物圈可能需要数百年和几代人的努力，但是有些大教堂也花了数百年和几代人的时间来建造。然而不管怎样，我们建造了它们。

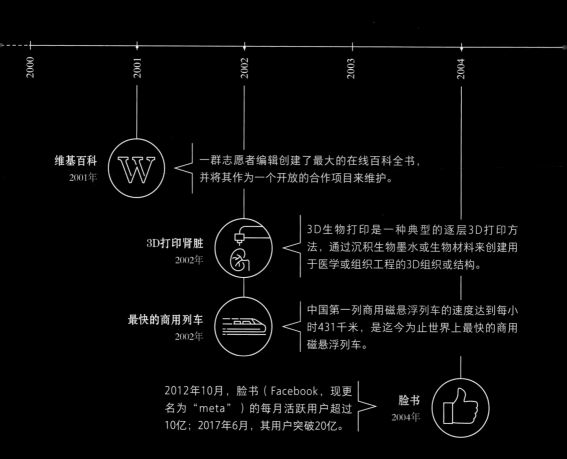

维基百科
2001年

一群志愿者编辑创建了最大的在线百科全书，并将其作为一个开放的合作项目来维护。

3D打印肾脏
2002年

3D生物打印是一种典型的逐层3D打印方法，通过沉积生物墨水或生物材料来创建用于医学或组织工程的3D组织或结构。

最快的商用列车
2002年

中国第一列商用磁悬浮列车的速度达到每小时431千米，是迄今为止世界上最快的商用磁悬浮列车。

2012年10月，脸书（Facebook，现更名为"meta"）的每月活跃用户超过10亿；2017年6月，其用户突破20亿。

脸书
2004年

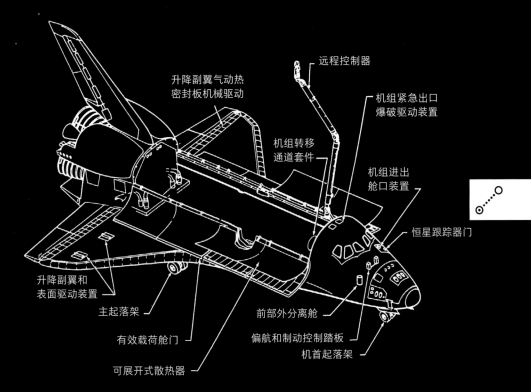

升降副翼气动热
密封板机械驱动

远程控制器

机组紧急出口
爆破驱动装置

机组转移
通道套件

机组进出
舱口装置

恒星跟踪器门

升降副翼和
表面驱动装置

主起落架

有效载荷舱门

前部外分离舱

偏航和制动控制踏板

机首起落架

可展开式散热器

（11）哥伦比亚号航天飞机的轴测图

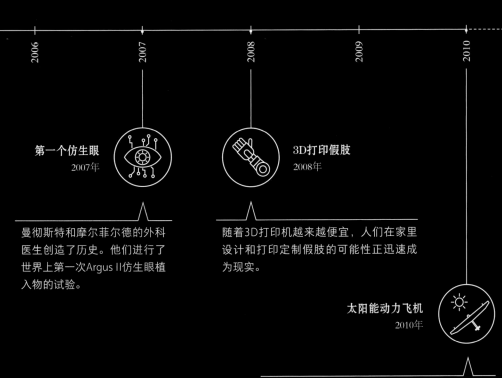

2006　2007　2008　2009　2010

第一个仿生眼
2007年

3D打印假肢
2008年

曼彻斯特和摩尔菲尔德的外科
医生创造了历史。他们进行了
世界上第一次Argus II仿生眼植
入物的试验。

随着3D打印机越来越便宜，人们在家里
设计和打印定制假肢的可能性正迅速成
为现实。

太阳能动力飞机
2010年

由伯特兰·皮卡德（Bertrand Piccard）和安德
烈·博尔施伯格（André Borschberg）驾驶的
"阳光动力2号"太阳能飞机完成了由可再生
能源驱动的第一次环球飞行。

如果总观效应是宇航员从外太空看到地球时报告的认知变化，那么可以想象一下，当我们的子孙凝视夜空，指向他们现在称之为"家园"的星球——这个小小的蓝点，提醒他们我们起源于地球，以及我们银河系的命运时，他们会有什么样的宇宙公民意识呢？

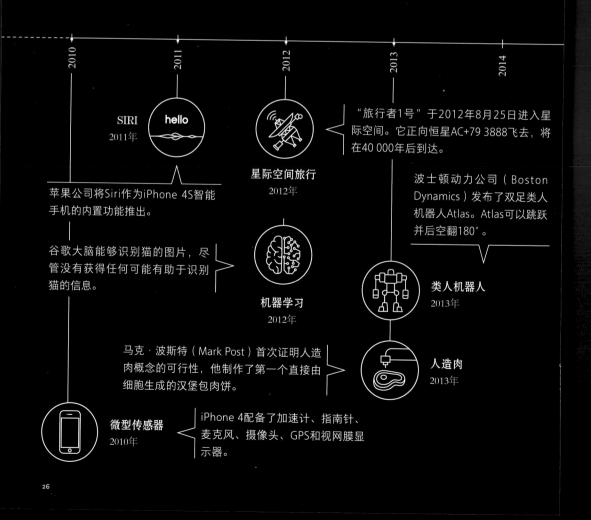

2010　2011　2012　2013　2014

SIRI
2011年

星际空间旅行
2012年

"旅行者1号"于2012年8月25日进入星际空间。它正向恒星AC+79 3888飞去，将在40 000年后到达。

苹果公司将Siri作为iPhone 4S智能手机的内置功能推出。

波士顿动力公司（Boston Dynamics）发布了双足类人机器人Atlas。Atlas可以跳跃并后空翻180°。

谷歌大脑能够识别猫的图片，尽管没有获得任何可能有助于识别猫的信息。

机器学习
2012年

类人机器人
2013年

马克·波斯特（Mark Post）首次证明人造肉概念的可行性，他制作了第一个直接由细胞生成的汉堡包肉饼。

人造肉
2013年

微型传感器
2010年

iPhone 4配备了加速计、指南针、麦克风、摄像头、GPS和视网膜显示器。

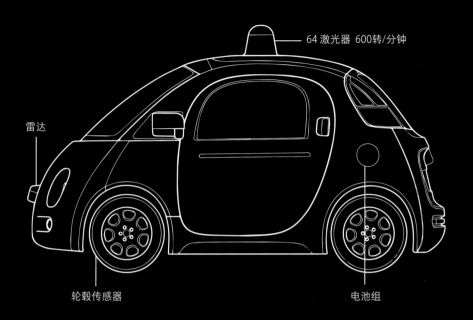

64 激光器 600转/分钟

雷达

轮毂传感器

电池组

（12）Waymo自动驾驶汽车

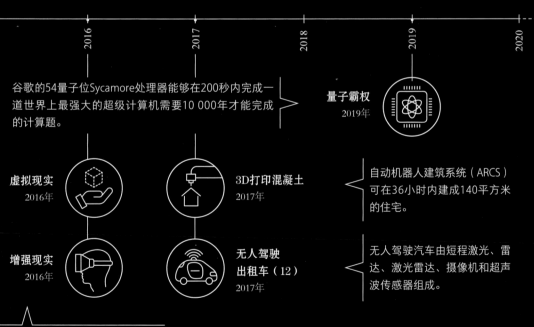

2016　　　2017　　　2018　　　2019　　　2020

谷歌的54量子位Sycamore处理器能够在200秒内完成一道世界上最强大的超级计算机需要10 000年才能完成的计算题。

量子霸权
2019年

虚拟现实
2016年

3D打印混凝土
2017年

自动机器人建筑系统（ARCS）可在36小时内建成140平方米的住宅。

增强现实
2016年

无人驾驶
出租车（12）
2017年

无人驾驶汽车由短程激光、雷达、激光雷达、摄像机和超声波传感器组成。

2012年，Oculus VR公司在Kickstarter（一个众筹网站）上发起了一场募资活动，为Rift的研发筹集资金，随后推出了虚拟现实头盔Oculus Rift。

THE 10 GIFTS

十个礼物

作为建筑师，我们没有政治权力，因为我们不制定规则；我们也缺乏金融实力，因为我们变不出支票。但是，我们确实具有塑造形式的力量，能够超越人们对我们的要求，主动向世界呈献一份礼物，让世界变得更符合我们的期望。这份献礼无关慈善。之所以称其为礼物，是因为尽管无人祈求，它却出现在人们眼前——若非如此，世界将变得无比贫乏——未来的人类将因此而拥有更加美好的生活。这份礼物就是建筑改变世界的力量——我们设计空间和场所的能力使世界变得不同，这正是我们希望看到的变化。

我们刚刚在哥本哈根建造了一座垃圾能源回收工厂，它非常干净，我们甚至把它的建筑立面设计成了一堵攀岩墙，还在它的屋顶建造了一个可供人徒步和滑雪的高山公园。我们融合了迥然不同的概念，将公共设施变成公园，将垃圾能源回收工厂变成高山。我儿子现在一岁，他和他的朋友们长大后，不会知道在过去人们是无法在垃圾能源回收工厂的屋顶滑雪的。可以作为滑雪场的垃圾能源工厂将成为他们这一代人的新起点。所以，想象一下，当他们站在人造的山巅时，他们的思想可以跳多远，他们会对属于他们的未来提出多么疯狂的愿景！

为了更好地探究建筑的积极力量，将其作为献给世界的礼物，我们会根据馈赠礼物的对象组织我们的工作：献给使用者的，献给社区的，献给城市的，献给荒原的，献给环境的，献给世界的，还有献给未来的。生活要向前看，但认知源于过去。我们的实践是一项持续不断的工作，我们的想法和议程随着时间的推移而成熟和发展。我们以清晰的眼光望向未来，不受眼下现实的片面视角干扰。这些礼物既不是专项专用的，也不是完全普适的，它们只是例证了我们所拥有的能力。凭借这种能力，我们赋予世界的不仅仅是形式。

THE OXYMORON

矛盾修饰法

矛盾修饰法是指将明显矛盾的词语放在一起使用的一种文学修辞手法，例如，享乐主义可持续性、实用主义乌托邦、社会性基础设施……若将这些概念移植到建筑设计中，则是指将看似不兼容的人类活动或建筑类型组合到单个建筑结构中。

我们的城市和建筑是基于"屋前屋后"的模式。城市基础设施工程犹如只注重功利性的机器，与它们所服务的城市居民隔离开来。你可以在谷歌城市地图上发现，它们就像一个个癌变组织。公用设施越专业化，人们就有越多的理由将其从公共空间中分离出来，以提高其性能和效率。众所周知，一个基础设施也会产生负面效应，比如，高架桥的底部、烟囱形成的阴影、高速公路带来的噪声、停车场造成的空间裂痕。但我们也发现，当一个基础设施被关停时，它通常可以通过积极的规划获得重生。例如，火车轨道摇身一变成为一个公园；发电厂华丽转身变为博物馆。如果我们一开始就能把功利性和社会性结合起来会如何呢？如果我们的城市基础设施在运营的第一天就对社会和环境产生积极的作用，又会怎样呢？

在未来，随着技术向清洁、无噪声和零排放的方向发展，隔离公用设施的现实原因将彻底消失，在服务空间和被服务空间之间将开辟出无数条新的融合之路——皆为以人为本的公共设施规划。想象一下，如果曼哈顿基础防洪设施是以这样的理念设计的，海堤就不会将城市生活与周围的水域隔离开来；相反，它会使海滨区域更加易达，更令人愉悦。或者，这样的可能性一直都存在：一个垃圾能源回收工厂如此干净，以至于我们将它的屋顶变成了一座高山公园，供人们享受徒步、爬山和滑雪的乐趣；新型交通技术消除了车站和候车厅这些传统基础设施形式；停车场结构可兼作市场或共享工作空间；整个城市被重新规划后，街道变成线性公园或长廊，彼此交织；桥梁的底部变成了一个天顶画廊，相当于街头艺术中的"西斯廷教堂"——或者反过来说，一座博物馆居然可以是一座桥梁。

以兼具功利性与社会性的方式，我们可以创造一个更为复杂、更具弹性的城市。如果一种功能消失，另一种则会得到巩固与加强。如果一种功能适合夜间，那么另一种可以适合白天。事实上，两种功能越是不同，就越有可能产生前所未有的效果。正如爱情中的异性相吸一样，在建筑中也是越迥异越相互吸引。

哥本山

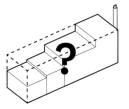 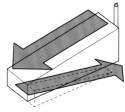 

哥本山（Copenhill）是世界上最干净的垃圾能源回收工厂，它的建造是为了取代哥本哈根一座有 50 多年历史的垃圾能源回收工厂。它的确极为干净，除了一些水蒸气和极少量的二氧化碳，不会排放任何对环境有害的物质。我们衷心希望向人们展示这种人类肉眼无法看到的现代工程奇迹。考虑到丹麦是一个多雪缺山的国家，哥本哈根人不得不驱车 6 小时才能到达最近的瑞典高山滑雪场，我们想，何不把工厂巨大的屋顶改造成滑雪场呢？为此，我们依照高度顺序对工厂内部的机器设备进行了精确的定位和组织布局，并通过通风竖井和进气口的排布创造屋顶地形的变化。滑雪场全年运营，滑道上铺有草皮，并通过低摩擦垫进行加固，其抓地力与新修的雪道不相上下。至于是否有雪，就看上天是否馈赠了。工厂内部仿佛宇宙飞船的内部，各种机器保持着金属原色、银色或灰色的色调。工厂的外立面由巨型铝制砖板堆砌而成，这些砖板同时也是种植容器。在垂直立面最长的部分，铝砖向外凸出，形成了世界上最高的人工攀岩墙。当人们乘坐电梯去往屋顶时，可以看到“山体”的内部，也可以越过趴在窗户上的攀岩者的身影，看到外面的景色，最后才会到达被称为建筑第五立面的屋顶。这里栽植了许多本地植物，形成了一个可供人们徒步的山地草甸。徒步旅行者、跑步者和山地自行车爱好者不需要电梯卡就可以欣赏到屋顶的山地景观。这个高山公园是哥本哈根地形地貌的延伸。哥本山最好地体现了我们对于社会性基础设施的建设目标——具有可预计的社会效益和环境效益的公共设施。

丹麦，哥本哈根
41 000平方米｜文化
2019年

ALDO AMORE

LAURIAN GHINITOIU

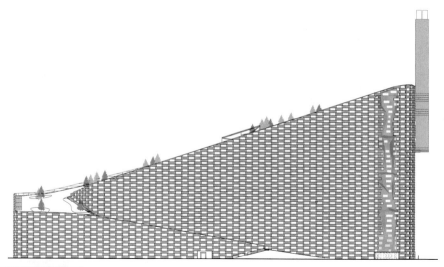

北立面图

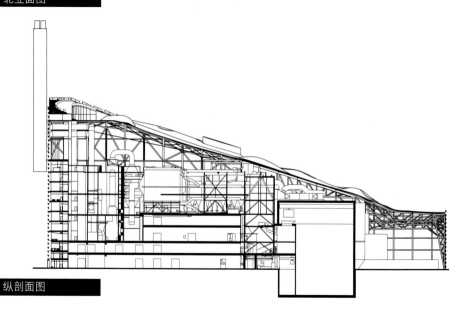

纵剖面图

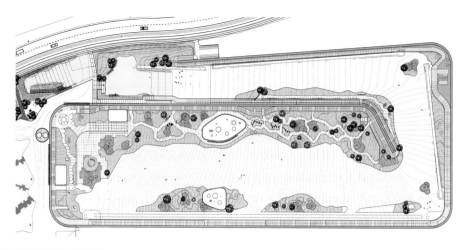

屋顶平面图

O 5 10   25   50m

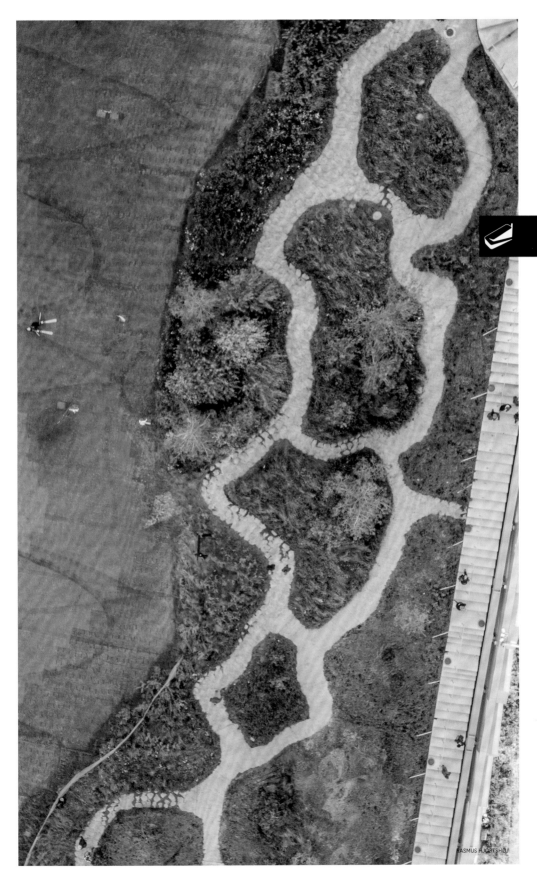

RASMUS HJORTSHØJ

37

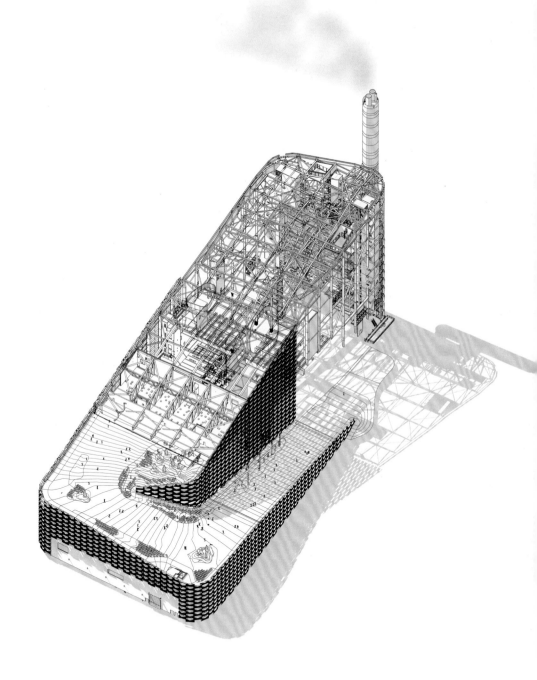

轴测图

SØREN AAGAARD

JAKOB LANGE

LAURIAN GHINITOIU

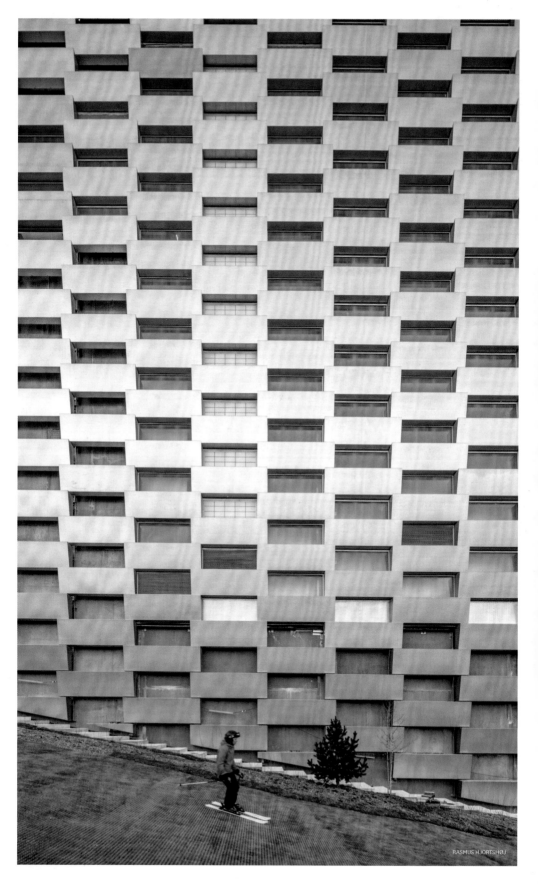

RASMUS HJORTSHØJ

EHRHORN HUMMERSTON

43

RASMUS HJORTSHØJ

45

ALDO AMORETTI

扭桥博物馆

扭桥博物馆（The Twist）位于奥斯陆郊外的耶夫纳克尔，它集多种传统建筑类型于一身：既是一座桥梁，又是一个博物馆，还是一座雕塑。作为桥梁，它改变了雕塑公园的动线规划，将公园的游览路径变成了一条连续不断的环路。作为博物馆，它连接了两个迥然不同的空间——一个内向型垂直画廊和一个外向型水平画廊，后者可以提供河对岸的全景视野。两个画廊空间在结合处产生了一种戏剧性的扭转和碰撞，创造了与该建筑名称相符的扭动效果，此处也是建筑的第三个空间。无论从哪个方向进入，游客都能体验到扭转的空间效果，就好像走过相机的快门一样。"扭桥博物馆"是一个构造之谜，它在连接河两岸的过程中发生了 90° 的旋转，形成了一种扭曲的直纹曲面。一个复杂的弯曲结构将两个简单的功能性形体连接起来，尽管看起来好像有很多弧线和曲面，但这一结构完全是由直线构成的，建造上也只使用了标准的铝板和简单的木棒。因此，它也是一座雕塑，用理性的重复元素构造出富有表现力的有机外形。

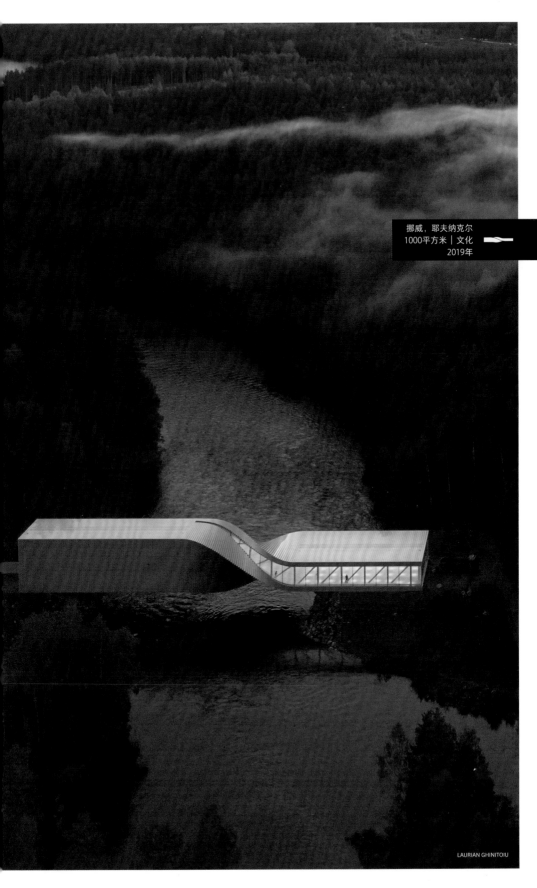

ANDREAS NUNTUN

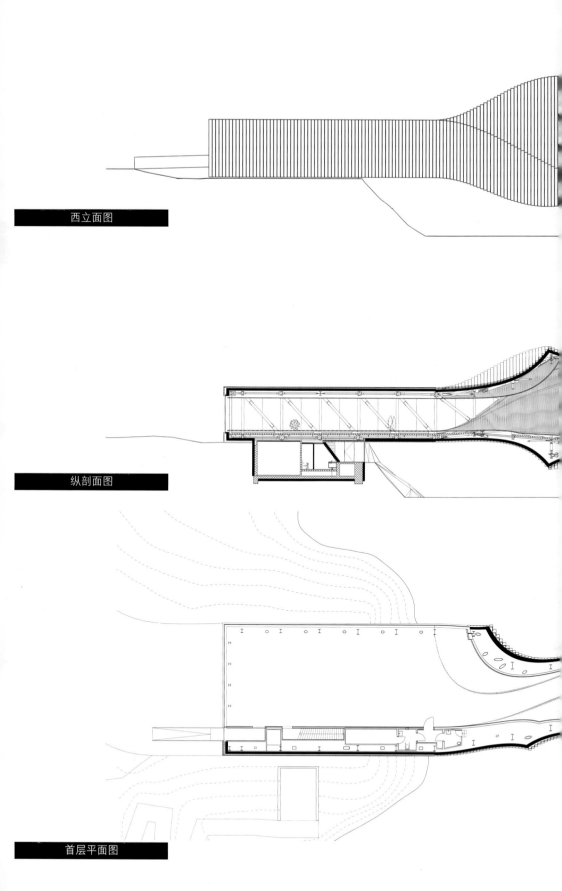

西立面图

纵剖面图

首层平面图

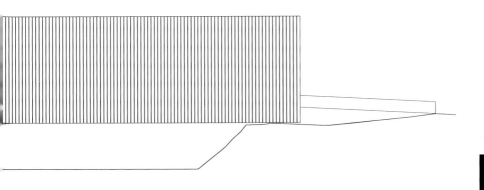

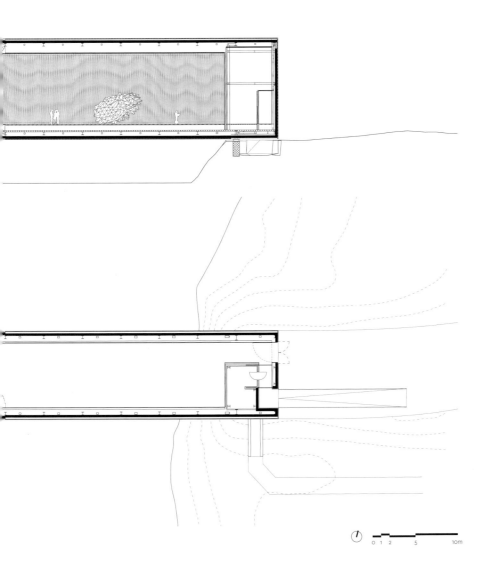

0 1 2 5 10m

LAURIAN GHINITOIU

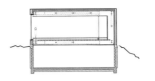

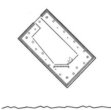

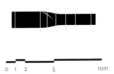

横剖面图

0 1 2　　　5　　　　　　10m

LAURIAN GHINITOIU

LAURIAN GHINITOIU

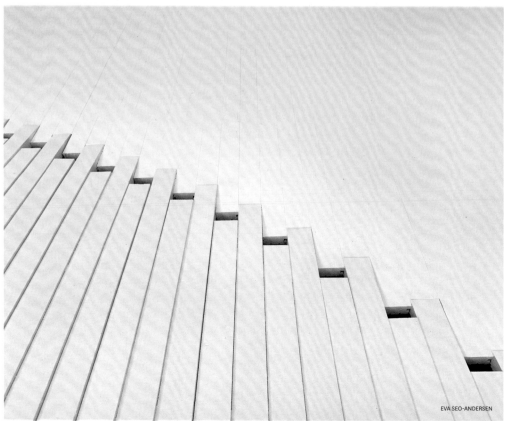

EVA SEO-ANDERSEN

TOMASZ MAJEWSKI

SIGNE DON

KIM ERLANDSEN

BENJAMIN WARD

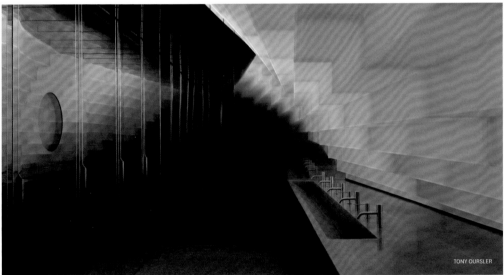

TONY OURSLER

EVA SEO-ANDERSEN

LAURIAN GHINITOIU

63

超级高铁

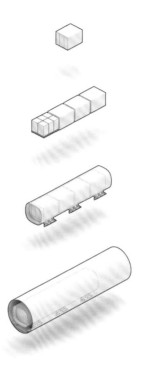

我们与维珍超级高铁公司合作设计了一种由车舱和门户站点构成的移动生态系统——超级高铁（The Hyperloop）。在这里，人们不必等车，也不再需要候车大厅。它以接近超声速的速度将集体运输和个人自由完美结合。系统中所有元素的设计都是为了减少干扰，让旅行更加便利。因此，在该系统中，车站只是门户站点，乘客进入门户站点可立即看到所有的登车口。负责运送乘客的是许多可容纳6人的胶囊型车舱，它们在一个传输体内运行。传输体是一个压力管道，借助底盘的悬浮力和推力可将车舱加速到最高1100千米/小时。乘客登上一个可用车舱后，随同车舱一起进入传输体，然后直接到达目的地。单体车舱尺寸相对较小，到达和发车率极高，因此可实现按需旅行。车舱离开传输体也能自主运行，也就是说它们不受门户站点区域的限制，可以在常规街道上行驶，随时搭载乘客。在门户站点，车舱被载入传输体中，然后高速行驶到另一个门户站点，并在那里转入常规街道，让乘客在最终目的地下车。超级高铁实现了低能耗、超声速、按需和直达目的地的旅行。

阿联酋，迪拜
140千米
都市化

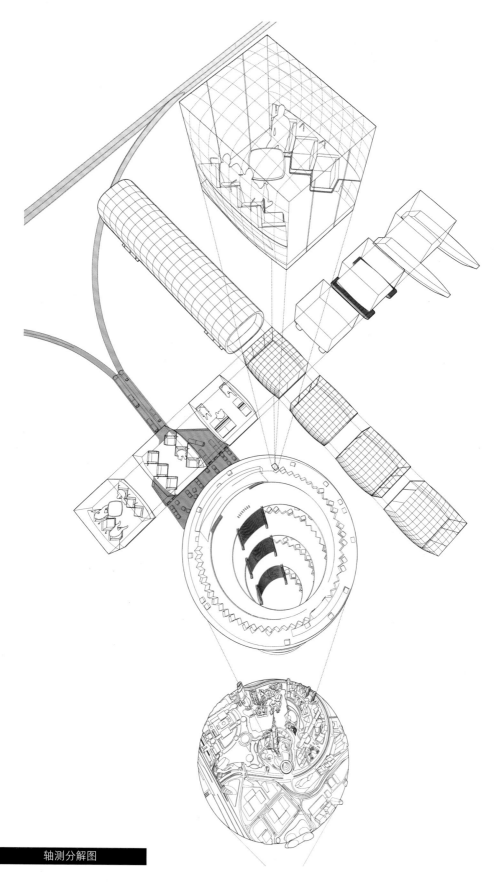

轴测分解图

∞

城市动脉

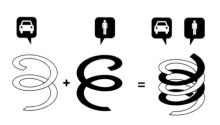

城市动脉（The Artery）的设计目标是建造一个可兼作文化中心的立体停车场。该建筑采用双螺旋结构：其中一个螺旋结构专门作为创客空间和市场使用，另一个则用于停车。汽车坡道封闭、紧凑，而市场区域的坡道则较为开放、宽敞。两条坡道围绕出一个中空区域，形成了一个非正式的表演空间，人们在每一层都可以观看到这里的演出。市场区域的坡道顶部被改造成一个公共屋顶花园。一部分是基础设施，一部分是社交空间，城市动脉就像是一个露天市场，或者说是一个折叠而成的立体市场。

阿联酋，阿布扎比
29 000平方米
文化

73

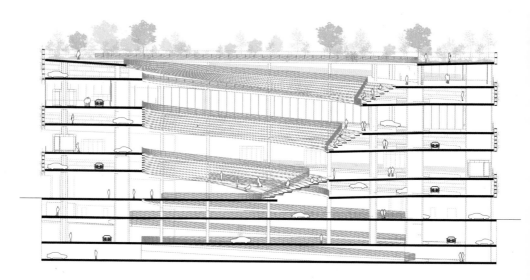

纵剖面图

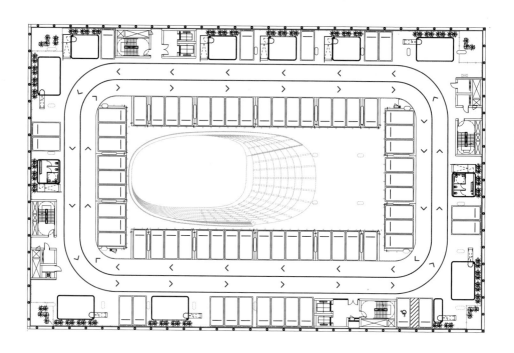

首层平面图

0 1 2   5   10   15m

BIG U 防护性景观规划

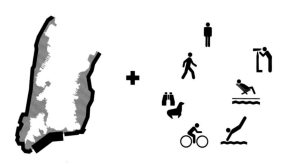

BIG U 防护性景观规划融合了物理弹性和社会弹性，为曼哈顿下城提供绵延 16 千米的防洪保护带。这一区域从西 57 大道延伸至南部的巴特里公园，再至东 42 大道。该城区地势低洼，居住密度极高，充满活力却脆弱无比。这一规划将基础设施重新定义为一种生活服务设施——我们称之为社会性基础设施。传统的基础设施并不具有市民性和公众可达性，它们不是为与公众互动而设计的。相反，它们是在没有详细了解公众需求的情况下被强加给城市的，有时会给城市体验带来可怕的后果。BIG U 防护性景观规划将创建大规模保护性基础设施的任务与意义深远的社区参与相结合，在罗伯特·摩斯（Robert Moses）设计的硬体基础设施中融合了简·雅各布斯（Jane Jacobs）提出的基于本地的、社区驱动的敏感性概念。项目建成后看起来不会像一堵高墙，不会将社区与海滨区域隔开。相反，这个保护我们免受恶劣环境影响的基础设施将成为极具魅力的社交和娱乐活动中心，进而提升城市形象，并为城市未来的公共领域空间模式奠定积极的基础。

美国，曼哈顿下城
16千米 | 都市化
2026年

SANDY SURGE LEVELS
2050 100-YR STORM
2050 500-YR STORM

L.E.S. NORTH-EAST RIVER PARK
COMPARTMENT 1   C1

TWO BRIDGES/CHINATOWN
COMPARTMENT 2   C2

BATTERY MARITIME DISTRICT
COMPARTMENT 3   C3

CLINTON

CHELSEA

SOBECA

ANHATTAN 2050

丰田编织之城

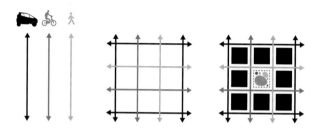

通过不断创新，丰田已经成为世界上最大的汽车制造商之一。19 世纪 90 年代，丰田佐吉（Sakichi Toyoda）发明了丰田式木质人力织布机，后来丰田从一家织布机公司起步，将自己的聪明才智和独创性应用于机械工程，先是转向发动机领域，然后进军汽车制造产业，进而走上了电动、氢能源和自动驾驶汽车的发展道路。2018 年，丰田汽车公司首席执行官丰田章男（Akio Toyoda）宣布，丰田将再次从一家汽车公司转型为一家移动出行公司。面对这一挑战，公司必须跳出汽车行业的限制，去关注和研究人们日常出行的方方面面。丰田编织之城（Toyota Woven City）被设想为一个生活实验室，用于测试和推进个人移动方式和自主性，移动出行（设施／工具）的服务性、连接性，氢动力基础设施及产业合作。城市中的道路被划分为三种类型：一种专为机动车使用而优化的道路，其下方是后勤专用道路；一种供小型交通工具如自行车、小型摩托车等个人交通工具使用的慢行道；还有一种专为行人设计的线性公园，也是动植物的栖息地。这三种道路构成了编织城市的整个基本框架，它们彼此交织，创造了一种 3×3 规格的城市街区模块。一个街区模块由八栋建筑及一个中央庭院组成，人们可通过慢行道和线性公园进入这里。这个模块经过复制和扩展，即可形成一个社区。通过网格的扭曲变形，两个庭院被扩展成一个大型广场或公园，成为城市规模的生活福利设施。虽然这是为富士山地区量身定做的设计，编织城市的设计原则却具有普遍性，可以很容易地应用于纽约、巴塞罗那或东京等各种现有的城市结构中。

日本，静冈，裾野
708 200平方米
都市化

SQUINT OPERA

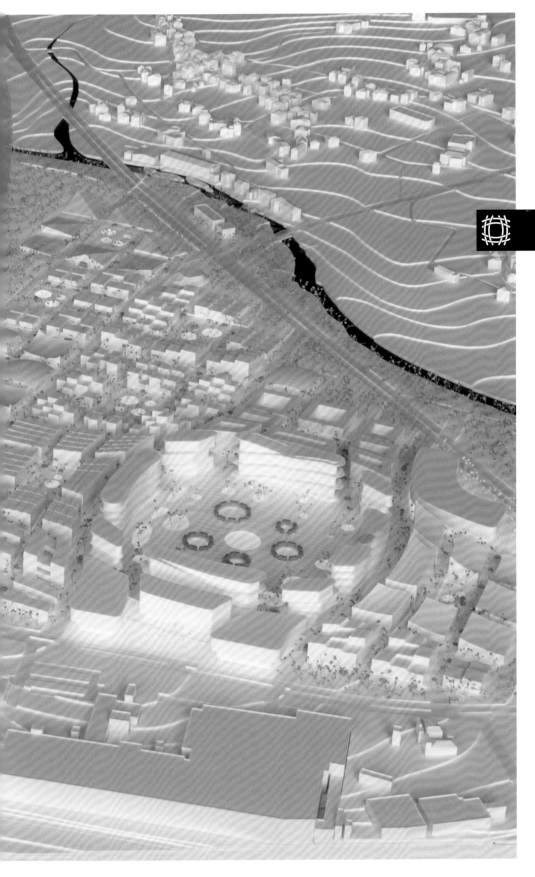

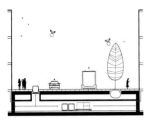

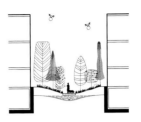

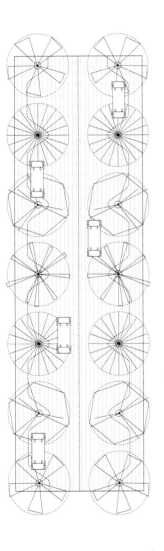
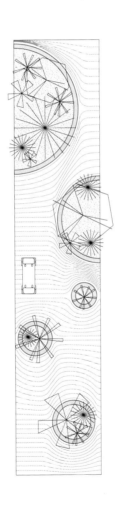

0 1 2   5   10m

机动车道	慢行道	线性公园

ラウ

TOYOTA

カフェ

ラウンジ

SQUINT OPERA

THE X-RAY

X射线

丹·图雷（Dan Turèll）曾经写道："我喜欢每一天。"不是星期天，也不是假日，而是每一天。这个世界极具趣味性，建筑环境的日常属性便足以令人兴奋，而不必通过别的艺术方式表达。我们所要做的就是去看，去听，去了解正在发生的事情，然后将其呈现出来。

建筑类似肖像画。一幅肖像画的成功，不仅在于艺术家表达自我的能力，还有赖于艺术家表达主题的能力。肖像画不仅要表现主题人物的外表，还要抓住主题人物、地点或活动的特征和灵魂。建筑就像一幅肖像画，展示了结构的框架，歌颂了人类流动的奇迹，揭示了隐藏的奇观和未来的潜力。

在这个世界上，人们对于形式与内容的割裂、硬件与软件的分离早已司空见惯。建筑已经变得像手机一样——一个空壳容器、一个无聊的盒子，只有在其中嵌入一个程序后，才会有生命力。我们都有过这样的体验：一个建筑工地看起来比最后完工的作品更令人兴奋，就像有时饼干面团尝起来比饼干味道更好一样——混凝土框架、螺柱的细丝纹理，以及通过未完工结构的 X 射线揭示的结构相似性和关系——这一切只在完成了最后的饰面和油漆干了后才会消失。

通过揭示内部的奥秘——就像展示时钟内部的机械装置一样——性能成为形式，表面现象揭示了潜藏的规律。我们想把建筑的生命、能量和内部运动展现于外。我们要根据居民的生活方式重新安排他们的家，以展示他们的个性；我们要把建筑的内容变成它的外在形式；我们要把工作场所变为生活空间；我们要揭示的是，所有的高层建筑都是像俄罗斯套娃一样的嵌套塔楼结构，玻璃外壳之内隐藏着它们的核心混凝土结构。让我们为城市中心那令人目眩的"垂直运动"欢呼吧！

世界是一个巨大的都市实验室，近 80 亿人每天都在尝试如何更好地生活。我们要抵制把生命放进一种通用模式的做法——这种普遍适用的解决方案基于对世界先入为主的看法，如同一个愤怒的孩童硬将圆钉锤入方孔。我们的愿景是看到生命的本来面目及其演变过程，并以最大胆的方式呈现，把现实写成诗歌，用平凡造就不凡。

爱彼博物馆

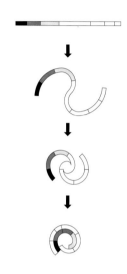

与建筑一样，钟表制造也是赋予无生命物质以智能和性能的艺术和科学。为钟表制造商爱彼建造的博物馆位于该公司历史悠久的工厂所在地，其灵感来自对钟表装置的形式与内容的融合。爱彼博物馆（Musée Atelier Audemars Piguet）的设计构思源于钟表的线圈，展廊的游客和钟表制工匠仿佛在建筑中做周期性的移动，嘀嗒作响，不断前进。它的每一个元素都受展览功能要求的统控，同时又像一座座引人注目的雕塑，呈现出统一的姿态。我们创造了一个双螺旋结构，让最大的展廊位于中心，然后向四周舒展，如此便把游览展廊变成了一段关于时间的旅程。在材料的使用上，我们删繁就简，并从钟表制造艺术中汲取灵感：小型化，使元素尽可能小；骨架化，挖掘出或除去所有未使用的材料，使目标物变得像一个线框；复杂化，在最小的空间中加载尽可能多的功能。我们去掉了所有的立柱，这样屋顶就能由玻璃幕墙支撑，看起来像有一根钟表发条在屋顶盘旋。如此一来，整个建筑宛若陆地上的螺旋状防波堤，又犹如山谷草地上一丛蜷曲的草。爱彼博物馆的建筑形式与内容是不可分割的，建筑的内部空间像开放骨架钟表中的齿轮和弹簧一样暴露在外。

IWAN BAAN

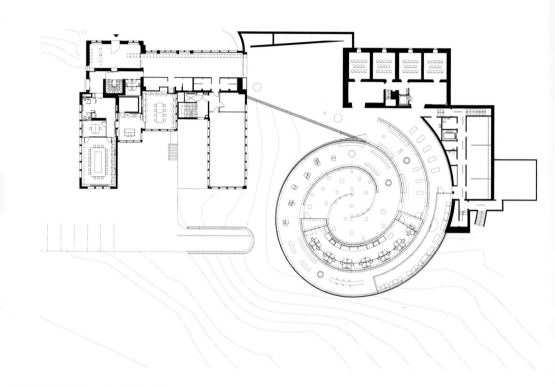

首层平面图

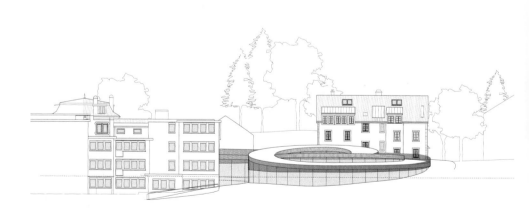

北立面图

0   5   10   25m

IWAN BAAN

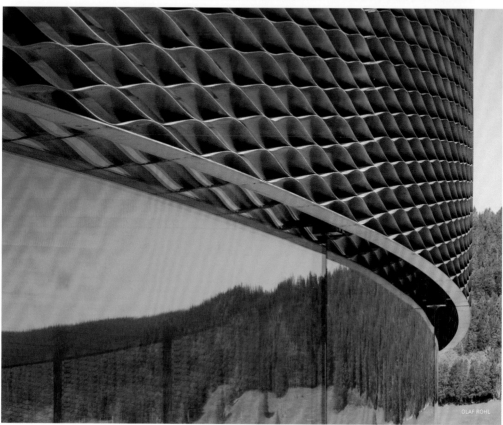

OLAF ROHL

IWAN BAAN

103

IWAN BAAN

ALEX FILZ

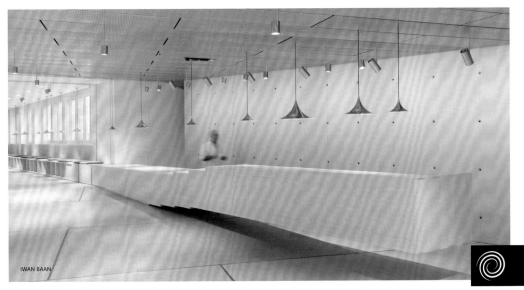
IWAN BAAN

IWAN BAAN

ALEX FILZ

IWAN BAAN

IWAN BAAN

爱彼钟表酒店

随着爱彼博物馆设计工作的不断推进，我们必须为博物馆的游客重新设计酒店。爱彼钟表酒店（Hôtel Des Horlogers）位于瑞士汝拉山脉最长的越野滑雪路线上。我们认为酒店和博物馆一样，也可以成为山谷的一部分。我们没有采用高耸的五层结构，而是将所有的设施和房间都面向景观开放，为自然滑雪道创造了一个人造的延伸部分。酒店由五个Z形板条结构组成，它们向外延伸形成酒店外部的缓坡通道。酒店内部有一条连续的斜坡走廊，员工可以通过这条坡道到达每个房间。各种设施被放置在倾斜的板条下方，并朝向阳光更充沛的一侧和周围的环境景观。从主通道望去，台阶的板条结构犹如画框，框出一幅幅宁静的风景画，保留了村庄和田园景观之间的联系。

瑞士，布拉苏丝
7000平方米｜商业
2021年

111

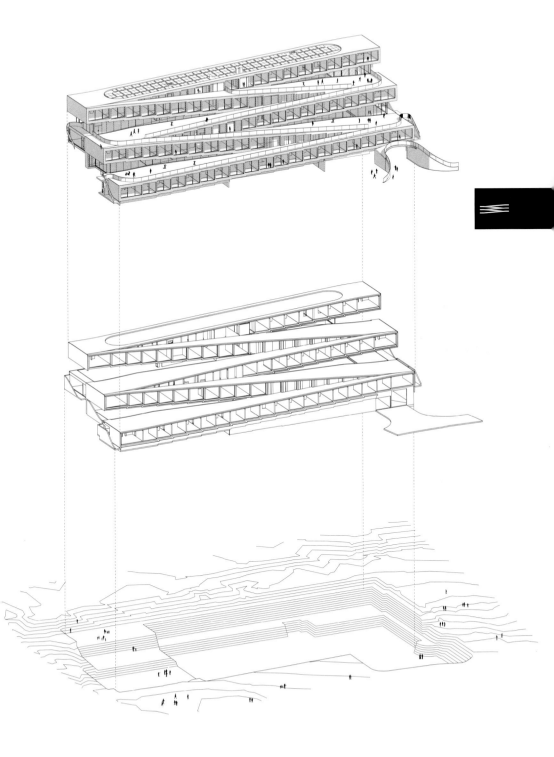

轴测分解图

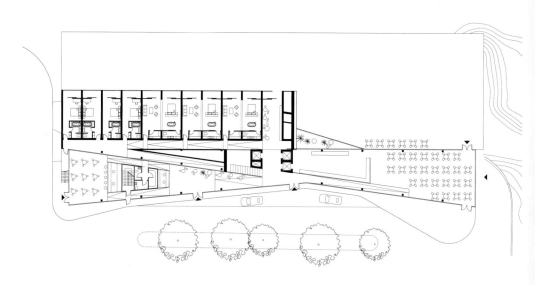

首层平面图

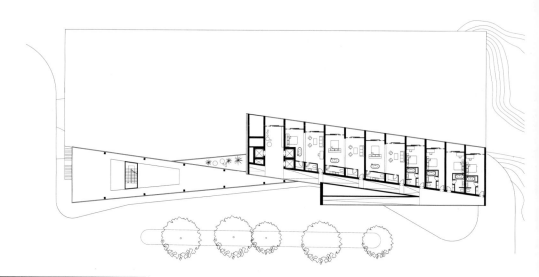

2层平面图

0 2 4　10　　　　20m

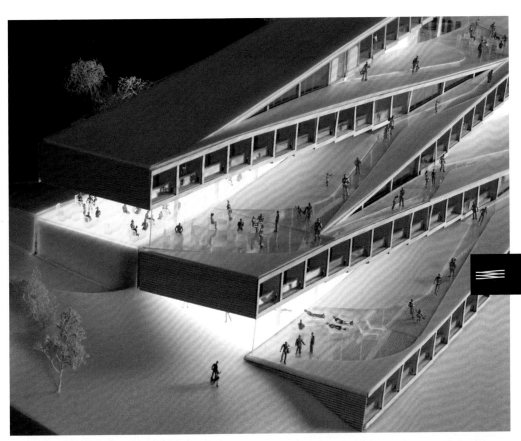

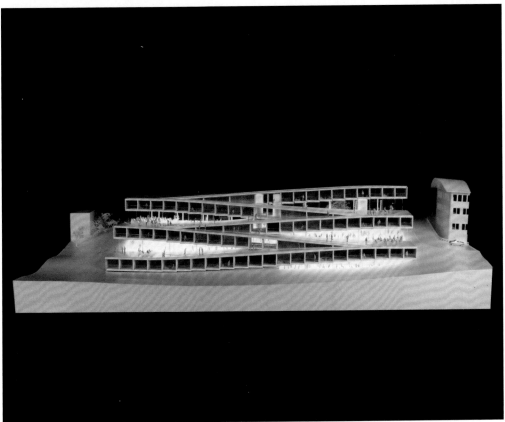

Telus天空塔

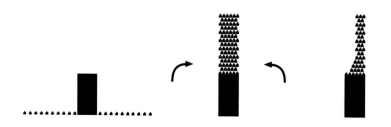

卡尔加里市中心已经发展成为一个典型的北美城市中心——成群的办公大厦周围分布着低密度的郊区住宅。Telus 天空塔是这两种建筑类型的完美融合，随着大厦从地面直插云霄，实现了从工作环境到居住环境的无缝过渡。这座多功能大厦的底部和较低层采用了简洁规整的矩形造型，提供了高效的大型工作空间布局。随着大厦层数的升高，楼板的尺寸逐渐减小并向内回退，从而形成带有嵌入式阳台的细长的住宅楼层。通过类似的方式，大厦外立面的纹理也从建筑底部光滑的玻璃幕墙向上逐渐演变为凸出与凹陷结合的三维造型组合。最终的造型以一种形态表达了两种功能的统一——理性的直线却构成了宛若女性身姿的柔和曲线造型。在块状结构的石油公司摩天大厦的包围下，Telus 天空塔仿佛被一群牛仔簇拥的淑女。

加拿大，卡尔加里
70 725平方米 | 商业
2020年

EMA PETER

EMA PETER

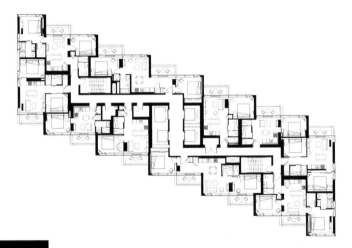

45层平面图

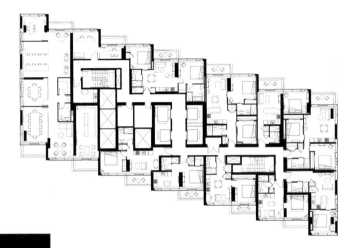

31层平面图

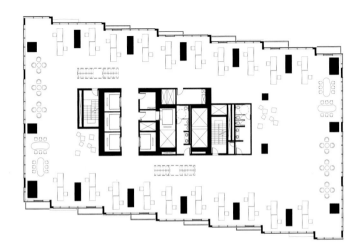

22层平面图

0　5　10　　　　20m

EMA PETER

EMA PETER

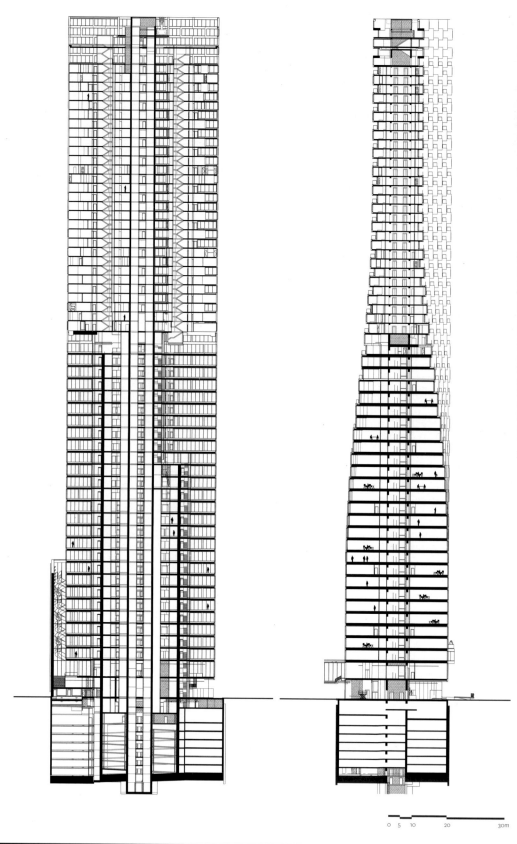

纵剖面图   横剖面图

EMA PETER

123

EMA PETER

EMA PETER

Omniturm大厦

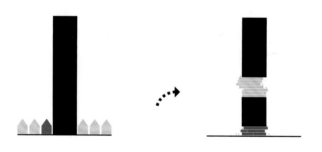

法兰克福是德国的金融引擎，也是为数不多的拥有高楼林立的中央商务区的欧洲城市之一。那些高楼大厦耸立于周边传统的欧洲街区之上，人们在低层住宅中居住，在高层建筑中工作。Omniturm 大厦试图通过垂直高度实现多功能用途。它位于欧洲大陆第一个"十字路口"，"路口"的每一个角落都有一座大厦。该大厦的租用空间分为三种类型：下部是用于创意工作空间的大型楼层；上部是为企业客户设计的精品楼层；在这两部分之间则是层叠的住宅层。住宅层看似在上半部分的重压下产生了移动和错位。悬挑和凹陷结构创造了户外露台，将居民的生活延伸到法兰克福市中心的"都市峡谷"之中。这座具有典型企业大厦造型风格的建筑，似乎在扭动着腰身，而位于腰部的住宅层也预示着多功能大厦已经降临都市。

德国，法兰克福
70 000平方米｜商业
2020年

HABIB KARIMOV

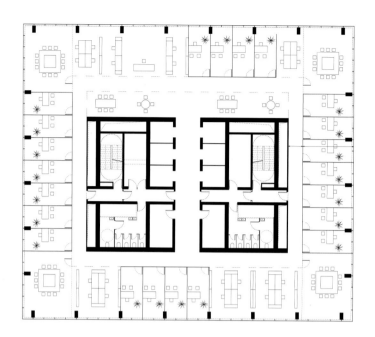

办公层平面图

住宅层平面图（带有错位的露台）

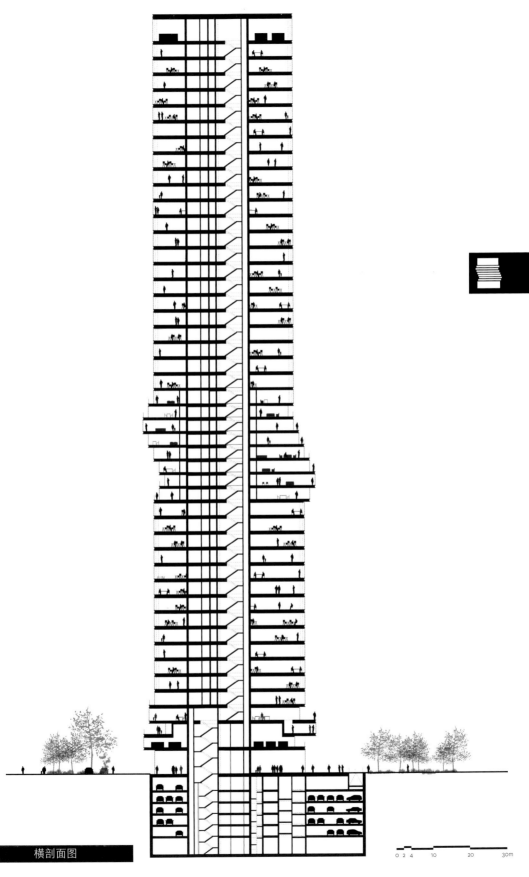

横剖面图

0 2 4   10   20   30m

南立面图

0 2 4   10   20   30m

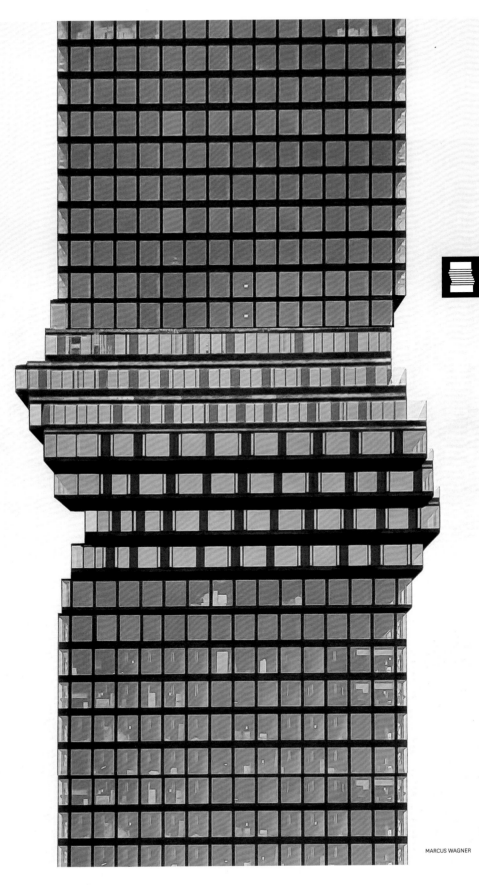

MARCUS WAGNER

NILS KOENNING

NILS KOENNING

NILS KOENNING

大理石学院教堂
塔楼

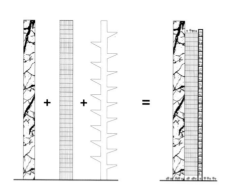

在曼哈顿的诺玛德社区，高密度的中心街区饱受钉子户的困扰，这导致了不规则地块的产生，使该区无法提供传统的矩形建筑用地。我们决定将传统的大厦结构拆分成三个基础项目：一个用作交通空间，一个用作工作空间，一个用于联系自然景观。大理石学院教堂塔楼（Marble Collegiate Church Tower）的每座塔楼都有独特的规划设计，工作塔楼是水晶一样的体块，采用了 4 米高的落地玻璃幕墙，以及无柱转角和开放式平面布局，最大限度地提高了空间的自由度和灵活性，也提升了采光效果，扩大了景观视野范围。在工作塔楼的一侧，一个单独的出口楼梯犹如植物的茎，悬挑露台像花瓣一样连接于其上，形成了错落有致的空中花园。用于人员流动的核心区域将楼梯、电梯、机械房和浴室汇聚在一个独立的大理石整体结构之中。大厦外立面由 3 米 ×8.5 米的巨大抛光预制板组成，这些白色的预制混凝土板上的条纹形成了不规则的图案，犹如巨大的大理石块上的纹理。与高楼林立的曼哈顿中心高达 305 米的奥尔登堡大厦一样，我们没有将所有的塔楼及其功能强行塞进一个单一的形体中，而是让每座塔楼都能彰显自身的功能特性，演绎出充满活力和多样性的三重奏，而非沉闷乏味的独奏。

美国，纽约
6500平方米
住宅

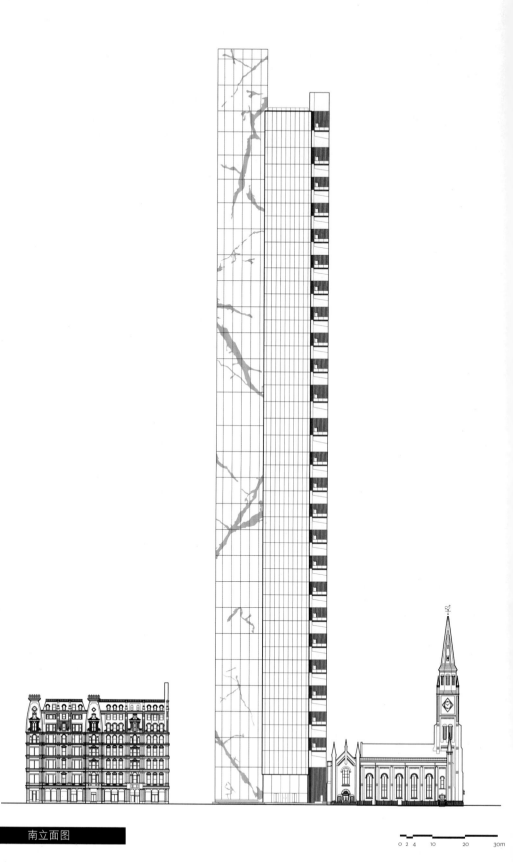

南立面图

0 2 4 10   20   30m

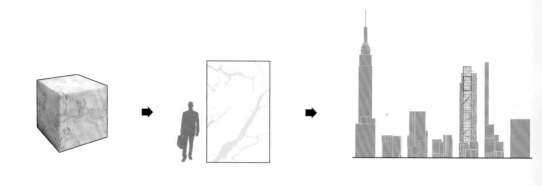

材料概念　　　　　　　　外立面石板　　　　　　　　城市尺度的大理石图案

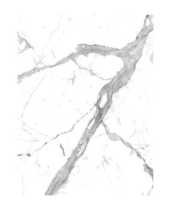  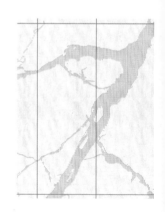

大理石　　　　　　　　　图案提取　　　　　　　　应用到预制混凝土板的图案

联合中心

  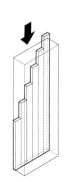

联合中心（Union Center）是一座几乎不占用地面的大厦。它高耸于车站大街的上方，横跨道路的右侧车道，人和车辆可以在下方畅通无阻地穿行。因此，传统上居于核心位置的电梯被移到了建筑的外围，这样不仅释放了大量的楼层面积，还促进了内部空间的连通性和开放性。由于电梯成了真正的外立面，而且电梯和竖井都覆盖着玻璃幕墙，因此建筑拥有了一种双层的玻璃立面，人们通过这里可以从街上到达大厦的顶部。当你坐在办公桌前，映入眼帘的可能是一只飞鸟、一架飞机，或是一部满载客人的电梯。电梯采用了典型的级联式布局结构，一组电梯到达一组特定楼层。人们可以从大厦开放的外立面清晰地看到这一切——整个外立面仿佛一条在做垂直循环运动的巨大玻璃阶梯。到了夜晚，灯火通明的电梯厢上上下下，犹如一道道脉冲信号在玻璃幕墙上跳动。我们还利用开放的楼层空间，在车站大街的上方打造了一个大型的音乐会场。在大厦的顶部，层层露台塑造了一个多姿多彩的公园，成为多伦多城市云端最大的屋顶花园。

加拿大，多伦多
118 707平方米
混合用途

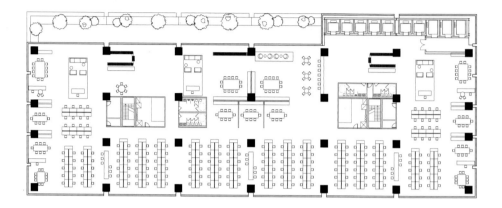

高层平面图

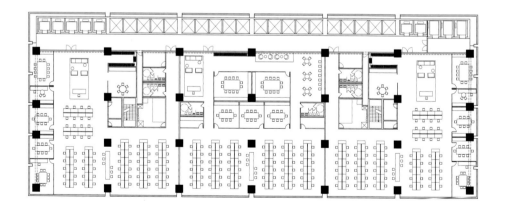

低层平面图

0 1 2　5　　10　　15m

THE RESPONSE
响应

现代主义者迷恋于以白板（tabula rasa）为出发点做设计，即一切从零开始。与之相反，文脉主义（contextualism）坚信文脉决定我们去建造何物，以及如何建造。从本质上看，未来是应该由过去决定的。前者所做的是几乎灾难性的历史抹杀，而后者将未来限制于历史的条框之中。建筑必须始终对现有的条件——文化、气候、景观和城市——做出响应。建筑对周围环境的响应就如同对谈话中所遇到的问题进行回答。我们不必模仿已经存在的东西，而是去响应它。我们可以将情境升华，同时传承已有的形式，因为重新在空白画布上探索不仅困难，也是毫无必要的。

在应对复杂多样的三维城市环境方面，响应式建筑可谓变化繁多，充满不确定性。它捕捉到自然沙丘瞬息万变的沙层形式；它把阳台变成人类水族馆，并反射出巴哈马的海景；它化为岩石的形态；它对盛行风和太阳轨迹做出反应。通过对气候条件、光线和热流等不可见的环境因素的响应，响应式建筑可以将性能转化为形式。例如，波纹外墙可以最大限度地减少热辐射和眩光；有机条纹的参数化图案蜿蜒曲折，可以对抗入射的阳光。由于忽视了环境和气候，我们曾错过了很多与建筑对话的机会。通过对环境和气候的响应，我们将自然的力量呈现于人们的眼前，让自然变成了文化。

未来不是在一个抽象的实验室里创建的，而是在身边实际的具体条件下创建的。明天的城市已经出现，我们要做的就是负责任地对其进行响应，以便继续面向未来的建筑对话。

深圳能源集团总部
大厦

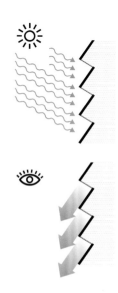

摩天大楼已经发展成一种经济有效的方式，为密集的人口提供灵活、实用的楼层空间。由于空调和通风的需要，最初的摩天大楼需要大量的能源来提供电力，而今天的摩天大楼则必须进化为一种新的可持续的建筑类型。深圳能源集团总部大厦（Shenzhen Energy HQ）是我们实现的首个"无引擎工程"实例——这一理念让我们可以在建筑中摆脱对机械的依赖，让建筑本身发挥功能和作用。分区的设计需求决定了这座大厦呈现为分别高达110米和220米的两座塔楼相连的体量，外立面是唯一需要设计的元素。对于处于潮湿亚热带气候下的近10万平方米的工作空间，外立面的主要挑战是如何最大限度地利用日光和视野，以及如何最大限度地减少热辐射和眩光的影响。波纹状的外立面犹如三宅一生的织物纹理一样起伏，锯齿形图案在开放与封闭之间交替呈现。在光照最充足的阳面，建筑采用了非透明的外立面；在缺乏光照的阴面则采用了透明的外立面。在没有应用任何主动式节能技术的情况下，深圳能源集团总部大厦完全依靠外观立面的几何形状，便将用于冷却的总能耗降低了30%，实现了具有积极美学效应的可持续性。

中国，深圳
96 000平方米 | 商业
2018年

CHAO ZHANG

153

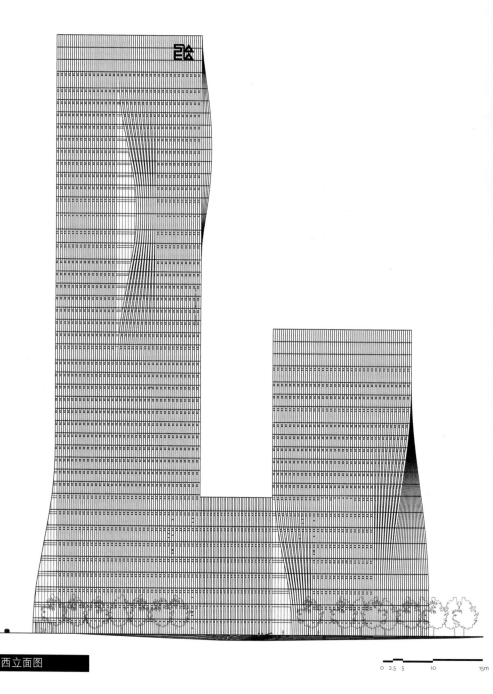

西立面图

0 2.5 5   10   15m

CHAO ZHANG

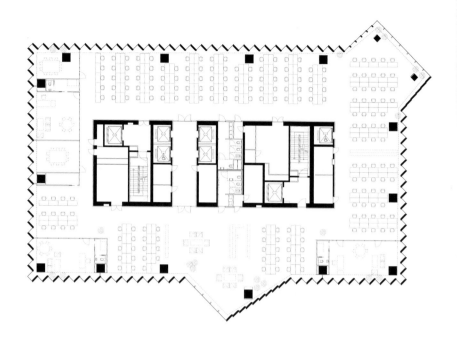

35层平面图

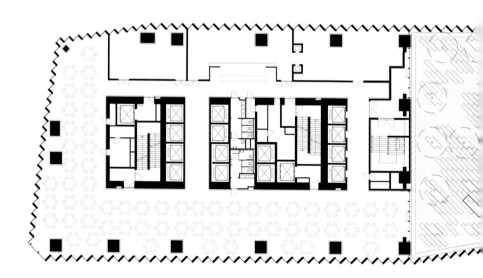

7层平面图

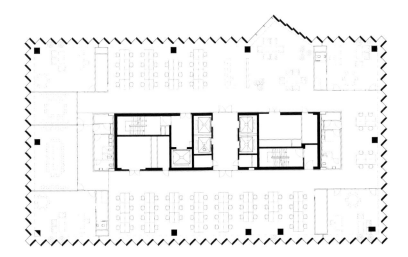

19层平面图

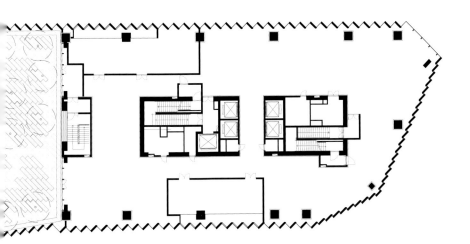

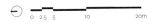

ARCH EXIST PHTOGRAPHY

ARCH EXIST PHTOGRAPHY

CHAO ZHANG

轴测图

CHAO ZHANG

LAURIAN GHINITOIU

The XI 酒店

 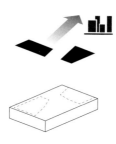 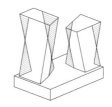

The XI 酒店位于高线公园沿线，毗邻弗兰克·盖里（Frank Gehry）、让·努维尔（Jean Nouvel）和坂茂（Shigeru Ban）设计的建筑群。两座塔楼从密集的城市环境中拔地而起，拥有一览无余的全景视野。相应地，设计从上至下融合了两种不同的方案：一种是底部空间的设计，调整了朝向河流的开放视野的比例；另一种是顶部的重新定向，提供了观赏高线公园景色的视野。随着建筑高度的上升，两个方案彼此衔接，从一种布局设计转变为另一种布局设计。每座塔楼倾斜的外立面提升了建筑的开放性，使阳光和空气可以向下进入位于庭院内的口袋公园。整个立面呈现出明显的结构化网格形式，随着塔楼几何造型的变化而转变。雕塑般的造型是对该地历史工业遗产和当代建筑做出的直接响应，这只是一种方式，而不是目的。最终的建筑融合了切尔西（Chelsea）的历史与现在，形成了一种全新的混合特征。

美国，纽约
83 000平方米｜混合用途
2020年

DBOX

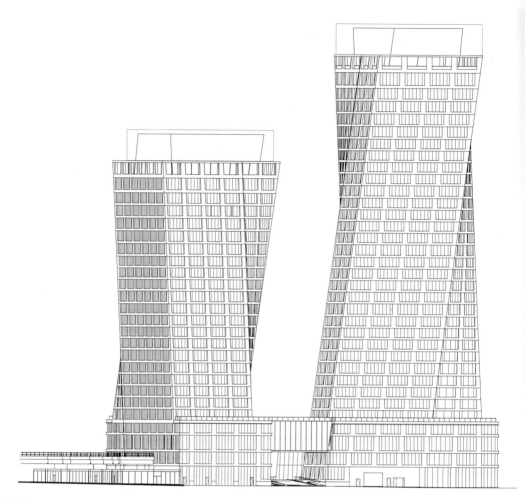

北立面图

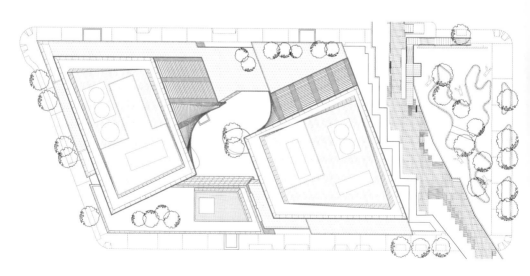

屋顶平面图

0 2 4　10　　20　　30m

CHRIS COE

东西剖面图

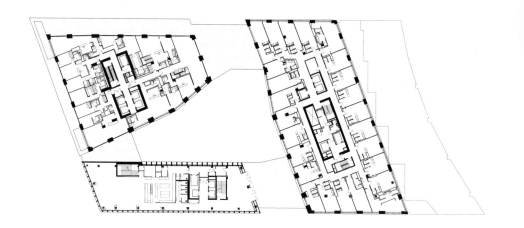

5层平面图

0 2 4   10   20   30m

DBOX

DBOX

蜂巢住宅和奥尔巴尼
录音室

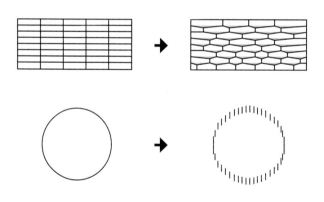

蜂巢住宅（The Honeycomb）的设计响应了巴哈马人的生活方式。每户人家都有一个巨大的阳台，形成了一个室外客厅，并带有一个夏季厨房和一个通过楼板下沉设计创造的泳池。下层房屋之间 4 米高的隔墙充当了与房间同高的混凝土梁，承载泳池水体的重量。泳池的第 4 面墙由丙烯酸玻璃制成。人们在游泳时可以完全沉醉于海港码头的景色之中，泳池就像是一个水族馆。最终的外立面由连接在一起的六边形泳池立面构成，使建筑看起来好像一个巨大的蜂巢。奥尔巴尼录音室（The Sanctuary）是一个按照声光需求设计的录音工作室。条纹状的体量造型看起来像一个布满波纹图案的贝壳，由面向东西的平行墙壁构成，可以阻挡从低处射入的阳光，同时朝向码头和私家花园开放。波状起伏的屋顶由倾斜的石板制成，以确保地板和天花板之间没有平行的表面。由此形成的外立面看似一列列平行的光柱，仿佛音效均衡器的数字指示灯在闪耀。

巴哈马，拿索
21 000平方米｜混合用途
2020年

JAKOB LANGE

4层平面图

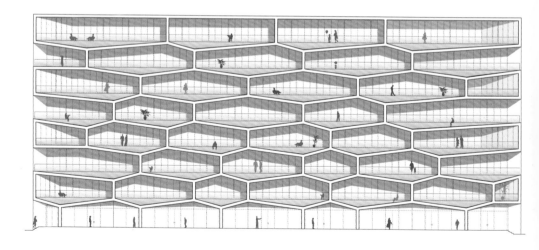

南立面图

0 1 2   5   10   15m

GOLDEN DUSK PHOTOGRAPHY

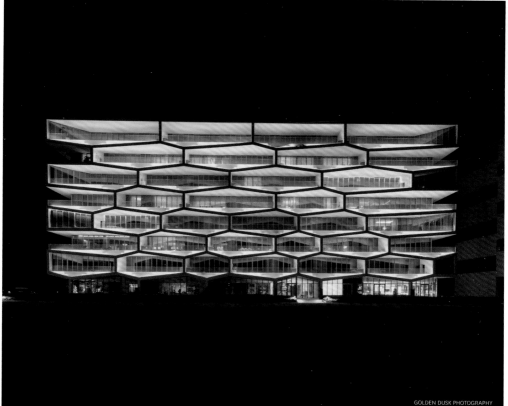

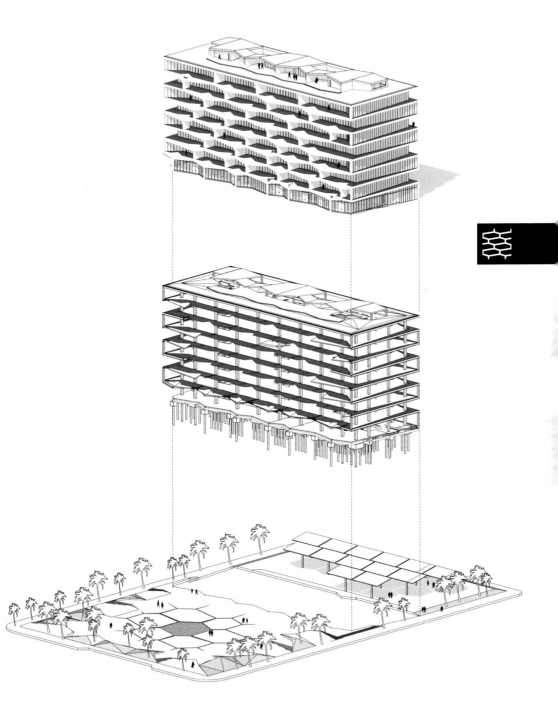

轴测分解图

HUFTON+CROW

CHERYL FLEMMING | JAMES LANE

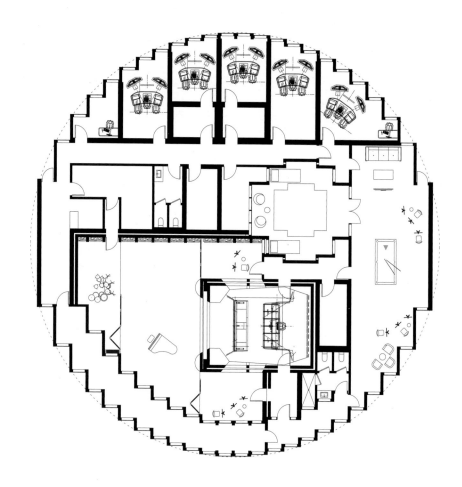

录音工作室平面图

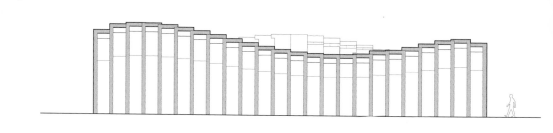

录音工作室立面图

0 1 2   5   10m

CHERYL FLEMMING | JAMES LANE

187

CHERYL FLEMMING | JAMES LANE

CHERYL FLEMMING | JAMES LANE

CHERYL FLEMMING | JAMES LANE

温哥华一号公馆

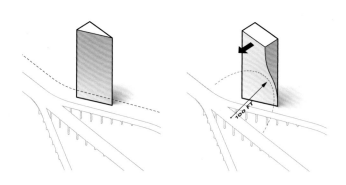

温哥华一号公馆（Vancouver House）位于温哥华格兰维尔桥旁，这里是通往市中心的重要门户之地。由大桥和市区围合而成的三角形地块一直有待开发。我们先从解决限制条件入手：建筑需要与街道和桥保持一定距离，其中与桥的距离要达到 30 米，以确保居住者不受车辆及行人的干扰；此外，设计还应确保邻近的公园不受建筑阴影的遮挡。考虑了所有的限制条件后，我们最终只剩下了一个小得几乎无法建造任何建筑的三角形地块。但如果 30 米仅是隔离带的最小距离要求，那么随着建筑的升高，我们可以在空中找回这 30 米，使楼层的面积翻倍。于是，我们按照这个想法做了方案，建筑不断扩大的轮廓使其看起来好像有人把帘幕拉到一边，欢迎游客们来到温哥华。在大桥下方，我们与温哥华艺术家罗德尼·格雷厄姆（Rodney Graham）合作，建造了一个颠倒的艺术画廊，我们称之为"街头艺术的西斯廷教堂"（Sistine Chapel of street art）。画廊上方悬挂着罗德尼设计的巨大旋转吊灯。这个反向的艺术画廊将大桥的消极影响转化为积极的影响。拔地而起的温哥华一号公馆，随着高度的上升而逐渐扩张的造型仿佛一个从瓶子里冒出来的精灵。这种看似超现实的姿态，实际上体现的是由所处环境导致的高响应式建筑设计思路。

加拿大，温哥华
60 600平方米｜住宅
2020年

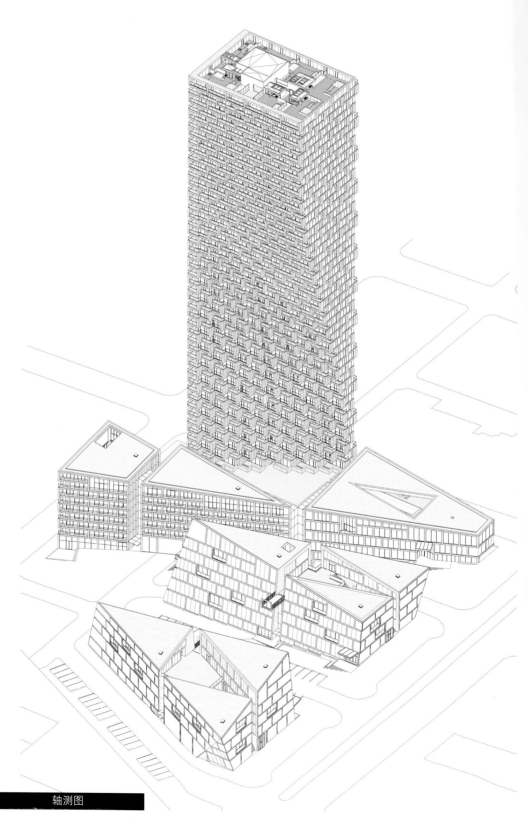

轴测图

EMA PETER

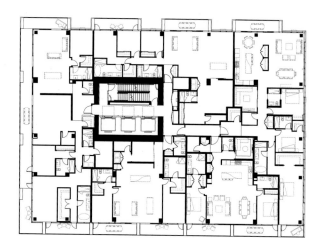

29层平面图

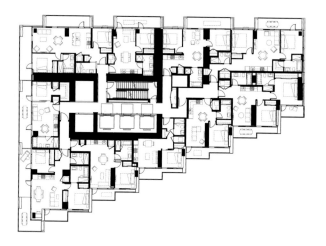

13层平面图

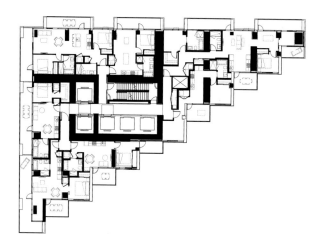

5层平面图

0 1 2　　5　　　10　　　15m

194

EMA PETER

EMA PETER

EMA PETER

EMA PETER

EMA PETER

EMA PETER

RON FRIESEN

GLENN SANTIAGO

Lycium博物馆

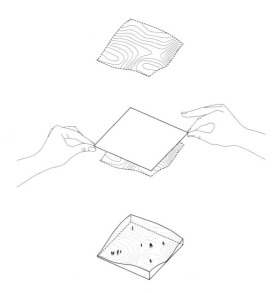

凡岛是一个沙岛，位于丹麦西南部的瓦登海中，以一望无际的沙滩和强劲的西风而闻名。当地的一家小型博物馆 Lycium 博物馆，坐落在一栋老别墅和一座 20 世纪 60 年代末建造的模块化预制酒店建筑之间。基地位于一片起伏的沙丘之上，上面覆盖着大片的石灰草。博物馆的设计构思实际上是在塑造一个沙丘——一个在自然地质沙层中留下的人造印记。我们充分利用现有地形，直接在沙子上浇筑混凝土来塑造建筑的外壳。外壳的所有层里都有草、苔藓，以及贝壳的存在，让建筑从外观上看似一个被时间冻结的琥珀色沙丘。混凝土干了以后，我们再在下面挖掘出建筑的内部空间，只留下薄薄的一层冰冻沙滩悬浮在上面，犹如在凡岛本地形成的新沙丘。Lycium 博物馆看上去仿佛早已出现在那里，似乎是由流沙在风和水的作用下经过几个世纪塑造而成的。

丹麦，凡岛
1100平方米
文化

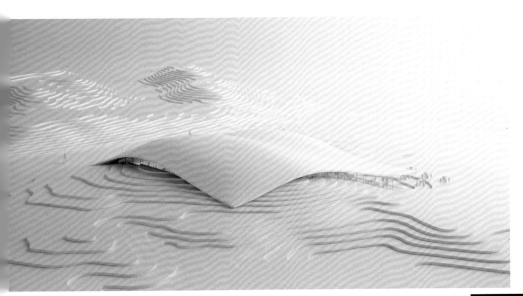

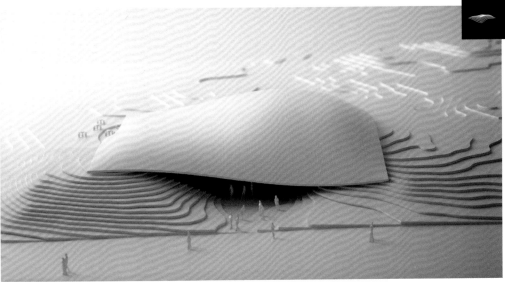

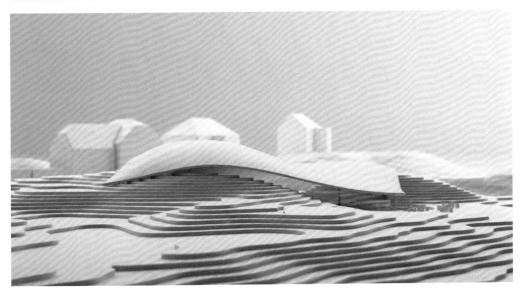

格陵兰岛国家体育场

格陵兰岛国家体育场（National Stadium of Greenland）位于努克多岩的海岸悬崖上，其设计彰显了对北极恶劣气候条件的响应。一个巨大的穹顶结构横跨在体育场的上方，以保护体育场不受恶劣天气的影响。完美的圆形穹顶被裁剪成方形，只留下四个点触到地面。四个顶角的结构可以有效而优雅地使积雪滑落，而低矮的空气动力学造型可将风荷载降至最低。四个触点构成了巨大玻璃幕墙的框架，为球迷提供了欣赏峡湾和山脉的全景视野，同时提供了充足的室外覆盖空间，以保护观看比赛的球迷。巨大的交叉层压木梁形成了方格天花板，还呈现出温暖宜人的质感和纹理，与寒冷的北极环境形成鲜明对比。可容纳5000人的观众席位于场地的一侧，使另一侧可完全面向峡湾开放。作为国家体育场的游客，当你无意间看到冰山漂浮的景象时，会恍然发现自己正置身于格陵兰岛。

丹麦，格陵兰岛
34 600平方米
文化

209

REINCARNATION
再生

生活中唯一恒久不变的是变化。随着生命的进化，容纳它的框架也必须随之进化。每一栋建筑最终都会被用于其他目的，或干脆被拆除，这似乎是它们不可避免的命运。建筑可以永远存在，但不是凭借材料的耐久性。尽管欧洲西海岸沿岸的二战时期的德国碉堡依然坚固，但它们也终将消失。法老们一旦不在了，金字塔也会坍塌。建筑要想永久存在，唯一的方法就是保持与居住者的关联性。法罗群岛上有一座木质建筑，它已经存在了一千年之久——比任何用于建造它的材料历史都要久远。由于不断地有人居住，被人喜爱并精心维护，它才能一直存在至今。如果一座建筑原本的功能不再被需要，人们对它的喜爱将激发他们为老旧结构开发新的用途。

再生是为旧机体注入新生命，是对建筑进行彻底的重新诠释。无论建筑师最初如何精心地设计一个建筑，它都必须接受改变，只有这样，在原有用途不可避免地结束后，它才能继续被使用。通过扩展空间，增加新的结构，或者改造原有的结构，我们可以使现有的建筑与生活共同进化。

新的结构可以根据不确定性因素进行定制调整，以容纳尽可能多的功能。建筑就是人类生活的物理平台。它们可以被看作一个物理框架，居住者可以将他们所需的功能程序下载到框架中，就像我们在手机上安装应用程序一样。作为献给未来的礼物，适应性结构可以通过瞬态元素而发生改变，通过适应性改造增加自己的生存概率——这是一种可以不断适应需求的建筑，也使未来的建筑与过去的建筑有所不同。

Tirpitz博物馆

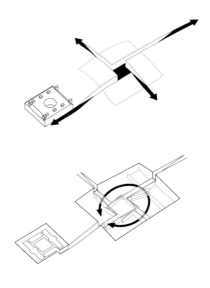

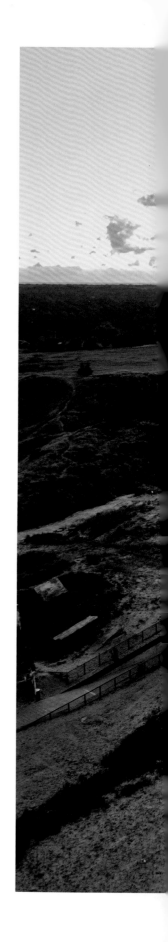

Tirpitz 博物馆由世界上最大的纳粹地堡之一改造而来，好像在一片沙丘上雕刻而成的展览景观。这座"隐形"博物馆嵌于自然保护区的沙丘中，犹如地堡周围的浅浮雕。依地形而建的四个精巧的"切口"与混凝土砌体形成反差，也与该遗址的战争历史背景形成戏剧性的对比。一开始，游客只能看到这个德国纳粹时期的地堡，直到沿着杂草丛生的小路走下去，才能进入建筑群中心的下沉广场。这里是博物馆内四个机构之间的一个连接点，也是通往修复后的地堡的地下通道的起点。原地堡的建筑规模庞大，与周围的环境格格不入，而新博物馆则像一座被反转过来的地堡，呈现向外开放的姿态，充满魅力。它是一个让新与旧、开放与警戒、景观与建筑、光明与黑暗形成对比的建筑。

丹麦，布拉万德
2850平方米 | 文化
2017年

RASMUS HJORTSHØJ

213

场地平面图

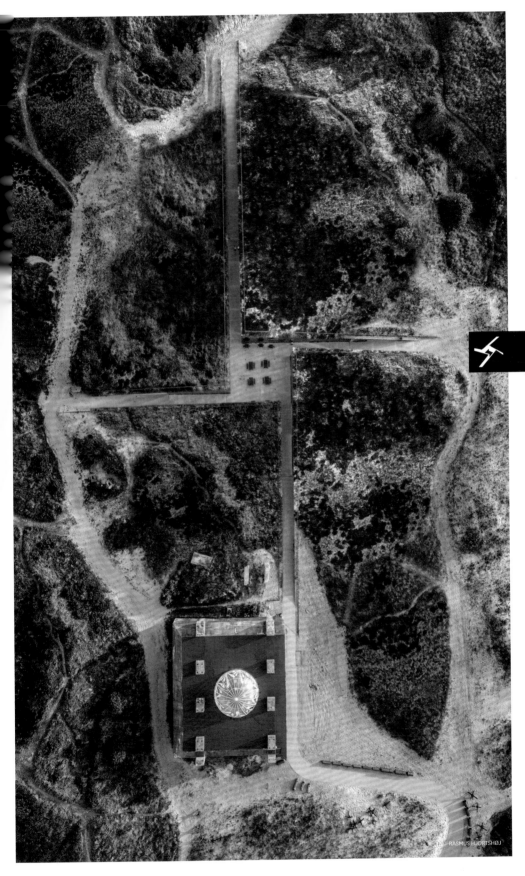

FOTO: RASMUS HJORTSHØJ

RASMUS HJORTSHØJ

RASMUS HJORTSHØJ

RASMUS HJORTSHØJ

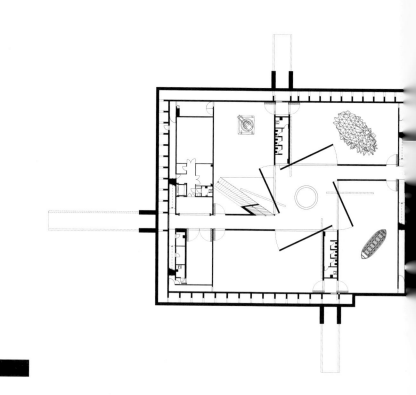

首层平面图

纵剖面图

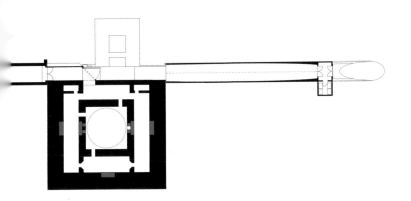

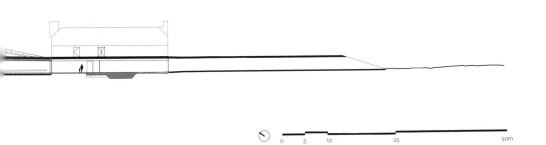

o   5   10   25   5om

RASMUS HJORTSHØJ

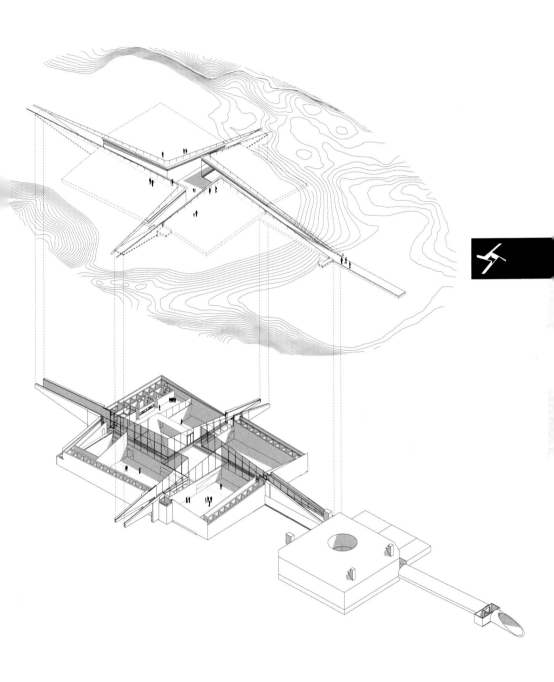

分解轴测图

RASMUS HJORTSHØJ

RASMUS HJORTSHØJ

LAURIAN GHINIȚOIU

RASMUS HJORTSHØJ

RASMUS HJORTSHØJ

RASMUS HJORTSHØJ

伊森伯格管理学院

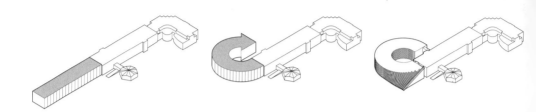

在马萨诸塞大学阿默斯特分校，我们将伊森伯格管理学院（Isenberg School of Management）始建于 1964 年的既有建筑向北侧和东侧扩展出一个宽敞的圆环结构。通过新旧结构的结合，扩建项目更新了既有建筑的现实功能，以最小的占地面积容纳不断增加的学校功能，并使外立面与原有全砖砌结构的校园风格融为一体。扩建部分的上部楼层与既有建筑相连，将教职人员汇聚在一个屋顶下。三角形的玻璃入口与多米诺骨牌般次第倒下的铜梁结合，创造了一种新颖奇特的到达体验。建筑独特的外立面没有任何弧形的元素，而是被逐渐向下倾斜的笔直的立柱包覆着。日光从宛若手风琴琴箱般的立柱之间射入，照亮了多层室内公共空间，这里主要供学生聚会、学习、举办特殊活动和颁奖典礼之用。庭院位于其核心部位，在教室和教师的办公区域之间提供了一片生机盎然的绿洲，可以作为一个全新的户外野餐和聚会空间。

美国，马萨诸塞州
6500平方米｜教育
2019年

MAX TOUHEY

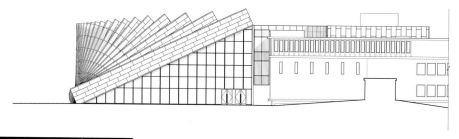

西立面图

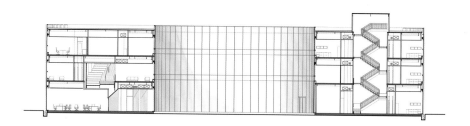

南北剖面图

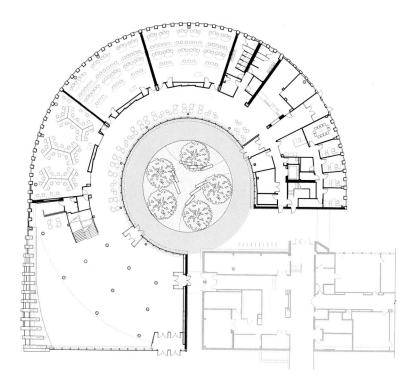

首层平面图

0 2 4 10   20m

LAURIAN GHINITOIU

MAX TOUNEY

LAURIAN GHINITOIU

MAX TOUHEY

MAX TOUHEY

MAX TOUHEY

233

LAURIAN GHINITOIU

老佛爷百货香榭丽舍旗舰店

老佛爷百货香榭丽舍旗舰店（Galeries Lafayette Champs-Élysées）项目是对建于1932年的装饰艺术风格银行大楼进行改造。我们没有破坏大楼古老的结构框架和原始的宏伟气势，而是以家具尺度的处理手法来适应21世纪的需要。当我们接手这个空间时，大部分原始的装饰艺术风格的元素都被涂成黑色的干墙所覆盖，圆屋顶也被石膏板遮挡着，一切都与香榭丽舍大街没有任何联系。如今，人们可以通过一座发光的廊桥进入建筑的中心——一个覆盖着巨大玻璃圆顶的圆形中庭。整个商场的首层空间被充分打开，为文化活动和时装表演创造了一个明亮的都市生活空间。由穿孔金属板构成的金色圆环围绕着立柱，创造了一系列连续的朝向中庭的空间和壁龛。一组可兼作观众席的大楼梯把游客带到一个由灵活的亭子组成的空间，这些亭子可以随着不同时期的需求而改变。由于线上零售的兴起打破了实体交易空间的垄断地位，实体零售空间的意义开始转向成为人们享受体验和聚会见面的公共空间。要成为一个优秀的零售商，首先要成为一个杰出的都市空间规划者。

法国，巴黎
6800平方米｜商业
2019年

FLORENT MICHEL

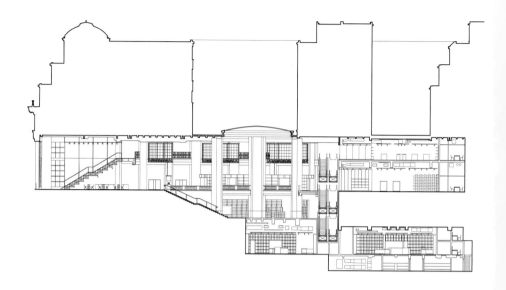

纵剖面图

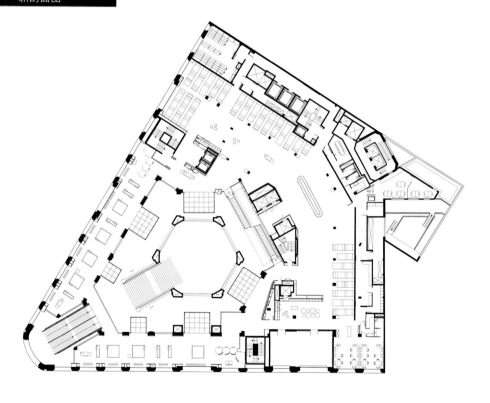

首层平面图

0 2 4　　10　　　　　20m

FLORENT MICHEL

DSL STUDIO

FLORENT MICHEL

FLORENT MICHEL

FLORENT MICHEL

FLORENT MICHEL

FLORENT MICHEL

FLORENT MICHEL

FLORENT MICHEL

SALEM MOSTEFAOUI

SALEM MOSTEFAOUI

247

Transitlager
仓库改造

项目位于赫尔佐格 & 德梅隆基金会和瑞士西北应用科学与艺术大学设计与艺术学院附近，是巴塞尔的德莱皮茨新艺术区总体重建规划的一部分。项目所在街区容纳了各种交织在一起的几何形状的基础设施：交叉的铁路、装货码头、迷宫般的线性建筑及它们尖锐的边角与交错的立面线条。原来的混凝土仓库被改造成一座以钢和玻璃纤维为主要材料的高架构筑物的基座。如同长相截然不同的孪生兄弟一样，新、旧建筑大小相同，诞生于相同的结构化网格中，却有着不同的体量、几何形状和应用规模：一个是直线造型，另一个是锯齿状造型；一个是单体空间，另一个是连续空间；一个是开放灵活的，另一个是具有专门用途的；公共空间与私人空间反差明显；充满活力的都市空间与私家花园相得益彰。

瑞士，巴塞尔
30 000平方米｜住宅
2017年

TRANSIT
LAGER

RASMUS HJORTSHØJ

LAURIAN GHINITOIU

LAURIAN GHINITOIU

LAURIAN GHINITOIU

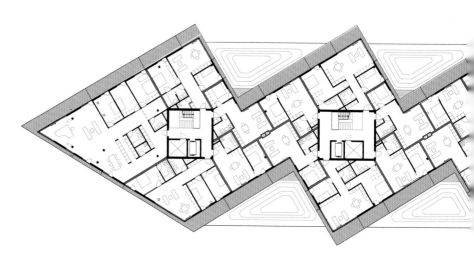

5层平面图

MARIS MEZULIS

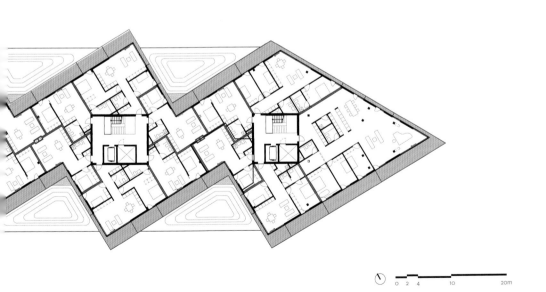

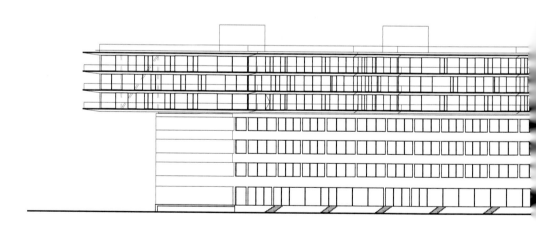

纵剖面图

LAURIAN GHINITOIU

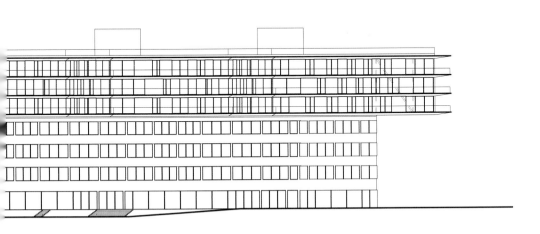

0 2 4   10   20m

微笑住宅

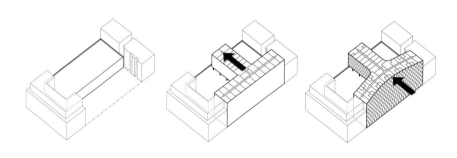

微笑住宅（The Smile）是围绕着既有的商业建筑增加的一个住宅结构，缓解了该地区对住宅空间的迫切需求。该项目的设计构思是根据街道的建筑特征、规范及规定，在既有建筑顶部和相邻建筑之间进行覆盖和填充。由于建筑面向第126大道，我们根据街道对临街墙面的要求决定采用一种梦幻风格的外墙立面。天窗在整个体量中占据了相当大的比例。通过翻转规则，我们最终得到了一个在相邻建筑之间向内倾斜的悬垂结构。倾斜的悬垂线条朝向哈莱姆的天空创造了新月般的微笑轮廓。当这个住宅结构高出并越过既有的商业建筑向第125大道伸展时，其内部的住宅空间便获得了南面的视野和阳光。由玻璃和钢材构成的外立面元素像腕表的表链一样环环相扣，通过一系列重复的元素勾勒出一个有机而柔和的几何形体。在建筑内部，原始工业材料的色调与随处可见的加勒比风格的颜色形成了鲜明的对比。

美国，纽约
25 600平方米 | 住宅
2020年

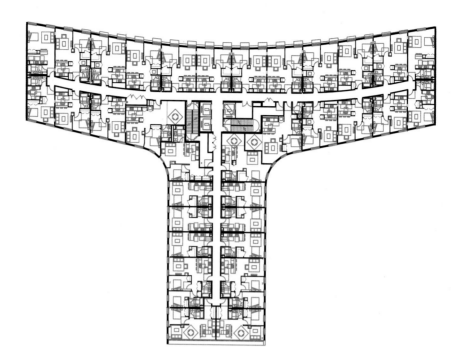

7层平面图

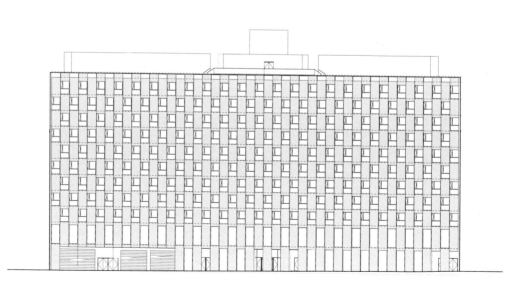

北立面图

0 1 2　5　　10　　　15m

3 Xemeneies蒸汽发电厂改造

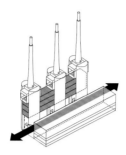 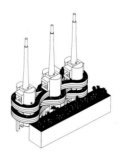

立于巴塞罗那的 3 Xemeneies（加泰罗尼亚语，意思为烟囱）是一座建于 50 年前的蒸汽发电厂，也是一座关于那个时代的技术的纪念碑。发电厂停止使用之后，留下的三座烟囱和涡轮机大厅成为当地的文化地标。这 3 座耸立至今的烟囱是该地区最高的建筑，也是无可辩驳的标志，它们正在寻找新的象征意义。我们的方案是将新的结构围绕在烟囱的周围，就像藤蔓缠绕在树干上，从而保留这 3 座烟囱的雕塑美感。新结构高架于地面之上，一条新的步行长廊在宏伟的建筑下方蜿蜒穿过，用人流的脚步取代蒸汽的流动。

西班牙，巴塞罗那
60 000平方米
混合用途

670 Mesquit综合体

  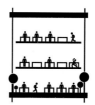 

洛杉矶的艺术区正在经历一场迅猛的复兴，吸引着从纯艺术到工程领域的创意人才。我们不禁问自己：在对艺术区进行更新时是否可以保留并体现催生这种独特的城市文化的特质？670 Mesquit 综合体是迈向未来的一步，我们将设计一座从一开始就适应人们生活并能随着生活不断进化的建筑。该综合体位于洛杉矶河岸边，由两座相连的 30 层大厦组成，并以边长 14 米的混凝土立方体为网格进行组织。这是一个灵活的框架结构，具体体现在两种尺度的操作上：裸露在外的庞大框架尺度和为个体住户打造的亲人尺度。在这里，仓库 loft 式的自由遇上了构件式案例研究住宅的个性化定制。大尺寸的结构模块允许用户根据项目类型和租户需求切分内部空间。建筑内部被填满了 2 ~ 4 层次要的轻体量结构，它们甚至偶尔会凸出于住户的屋顶和阳台。工业化和近人化这两种尺度的共存——仓库和个案研究型住宅——将一般性与具体性这对自古就有的矛盾由内到外迎刃而解。框架的灵活性和自由度成为该建筑结构的独特之处。通过将内部装饰变成外部饰面，结构的多样性和不确定性成为其标志性特征。

美国，洛杉矶
240 000平方米
混合用途

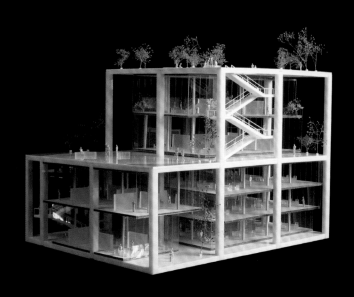

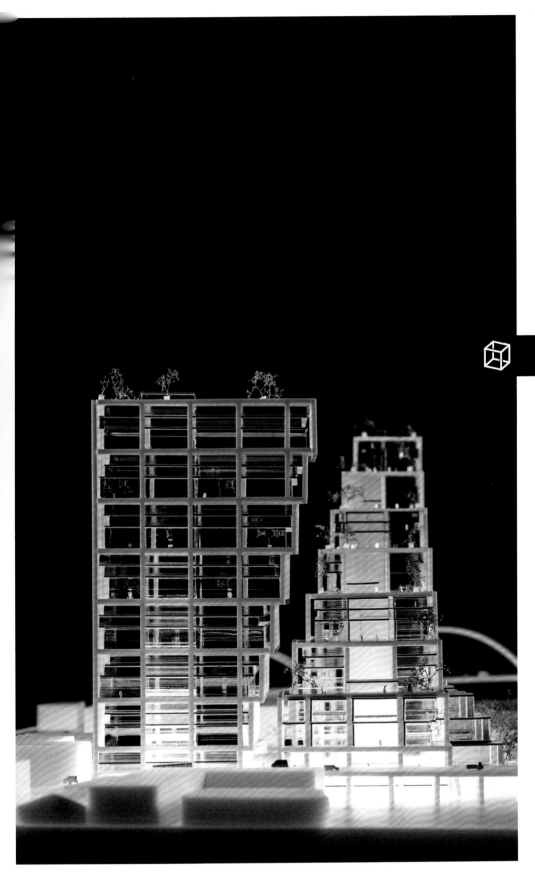

圣培露旗舰工厂

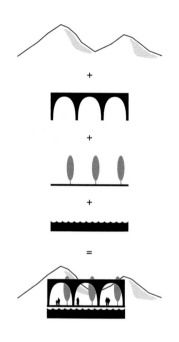

这座位于贝加莫市中心的圣培露旗舰工厂（S.Pellegrino Flagship Factory）自1899年起便生产瓶装天然矿泉水，此次的项目是对极富秩序感与功能性的既有工厂建筑进行扩建。我们将扩建部分设想成一个类似于水中酒窖的结构：轻盈、透明、清新、自然。扩建结构像从自然泉眼中喷涌而出的泉水一样，成为现有建筑的自然延伸，而不是强行加入的新结构。这一设计实现了生产与消费、制作与享用的无缝连接与过渡。游客和员工将穿行在拱门和隧道中，感受圣培露的历史和文化。该结构将工厂模块化建筑与意大利古典主义和理性主义的重复元素相结合，通过扩大和缩小构成其框架的拱门跨度来塑造空间。拱门的序列性引导着人们欣赏工厂周围壮丽的景观——上至白雪覆盖的山峰，下至奔流不息的河流——同时也讲述着矿泉水从融化的冰川向下汇聚到泉水源头的30年的历程。

意大利，圣佩莱格里诺特尔梅
16 300平方米 | 商业
2021年

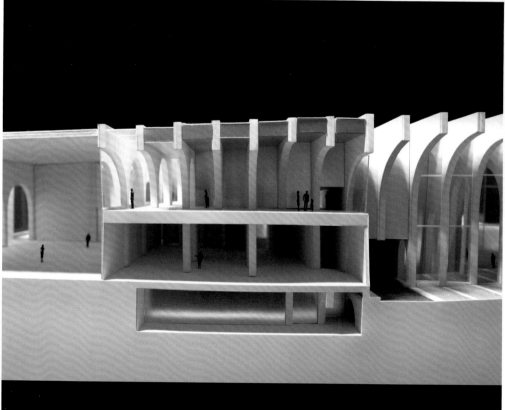

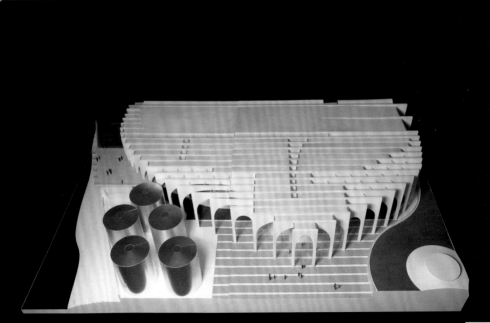

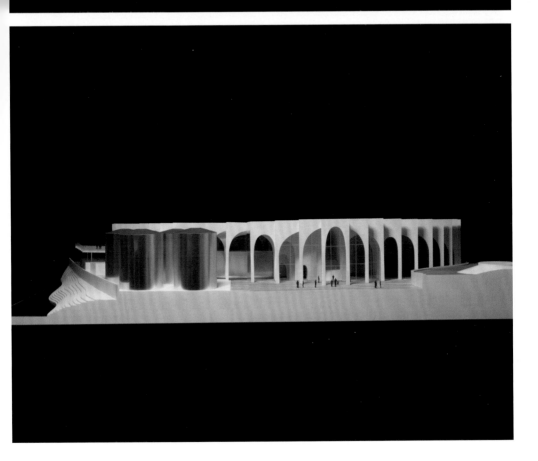

THE Z-AXIS

Z轴

Planning（规划）是一种二维的公共空间设计活动，它的词源是"leveling a plane"（调整平面），但城市在本质上是三维结构。诺利地图（Nolli Map）是对罗马的一种传奇描绘，它没有按照传统区分内部与外部区域，而是对公共和私人区域进行了区分。教堂大厅、市场大厅和市政大厅被展示为公共区域，创造了一种将公共区域延伸到屋顶之下和外墙之后的空间意识。通过将诺利地图扩展到第三维度，我们可以将自己的思维从平面规划扩展到空间规划，将共享空间从地面层转移到沿 Z 轴上下的空间。

通过增加第三维度，将轴线、对角线、视线、入口、门廊和通道等传统的规划工具进行扩展，便可增加坡道与屋顶、螺旋结构与弹簧结构、地势与平台、壁架与露台等新的规划工具。建筑不再是有限地面的零和博弈，而是基于上层空间的建造艺术，例如，"天空中的维尔京群岛"（迪拜云溪塔）。

Z 轴从地平线向两个方向延伸。想象一下，三所学校围绕着一个中心结构层叠而下，犹如一片"法罗群岛丘陵"；巴黎地铁将天空带进隧道，向戴高乐机场传奇的 1 号航站楼的复古未来主义致敬；学校将单层建筑体量堆叠起来并呈扇形向外展开，以便在所有楼层上将学习空间扩展到户外；摩天大楼将高线公园延伸至天际；若干个"绿洲"呈阶梯状悬挂在塔顶和拉伸索之间的半空中。作为"垂直都市"的终极例子，设想一个由仓库构成的社区，在那里，一排排的立柱支撑着一系列建筑，形成了一层层在空中盘旋的街区建筑。在这些建筑的下方和上方之间，穿插着彼此相连的三维公共区域，从而创造了 X 轴、Y 轴和 Z 轴之间新的平衡状态。通过向上层空间拓展建筑和景观、私人空间和公共空间、街道和广场，我们正在将诺利地图转变为一种诺利模型，以期待未来人们可以毫不费力地将其在所有三维空间中移动。

高地学校

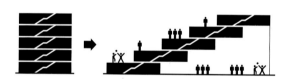

高地学校（The Heights）犹如层叠的绿色露台，沿着中轴线呈扇形展开。它不仅满足了阿灵顿两个县级学校项目的学术需求，还在密集的城市环境中塑造了一个垂直的社区。高地学校位于一个紧凑的城市地块上，三面被公路环绕，还有一侧与罗斯林高地公园相邻。在设计构想中，建筑形态由五个矩形结构以沿中轴退进旋转的方式堆叠构成，保留了传统单层教学楼所拥有的社群感和空间效率。每层的绿色广场成为教室的延伸，为学生和教师创造了一个室内外连通的学习环境，形成有别于传统教学环境的"学习绿洲"。旋转的中央楼梯穿过大楼内部，连接五个楼层，方便学生们在室内外自由畅通地走动，也在社区和学校之间建立起更牢固的纽带。建筑的外立面采用白色釉面砖，使五个楼层结构在视觉上统一起来，同时突出了以扇形旋转的楼层之间形成的斜角，从而强调建筑的雕塑感，以及内部的能量与活力。

美国，弗吉尼亚
16 700平方米 | 教育
2019年

LAURIAN GHINITOIU

287

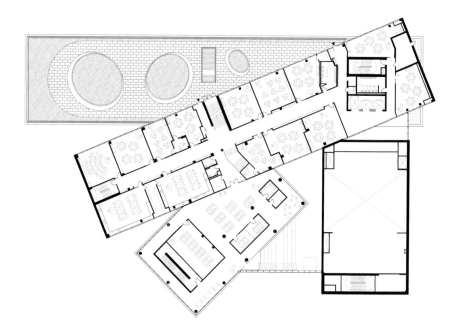

2层平面图

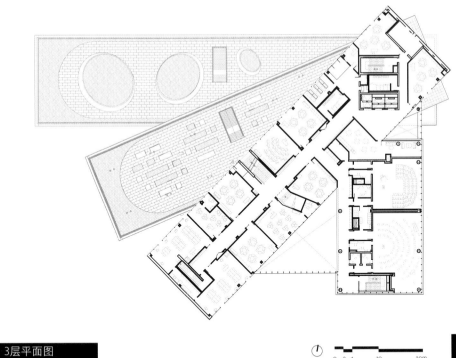

3层平面图

0 2 4   10   20m

LAURIAN GHINITOIU

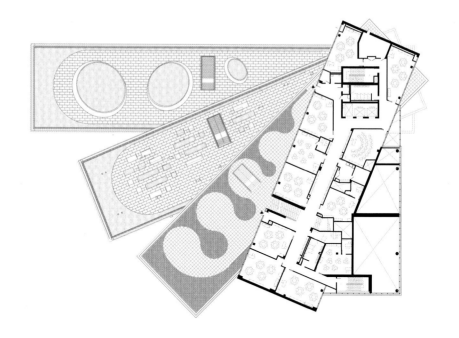

4层平面图

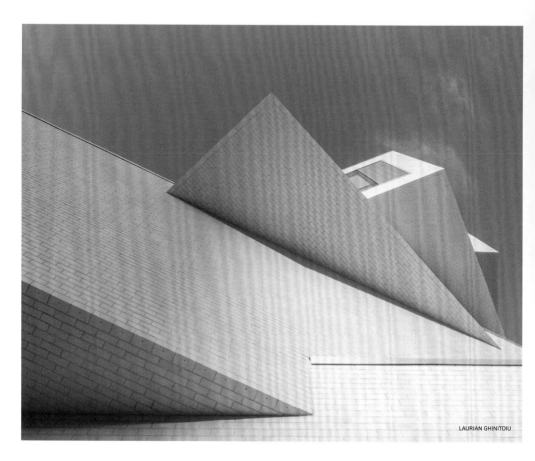

LAURIAN GHINITOIU

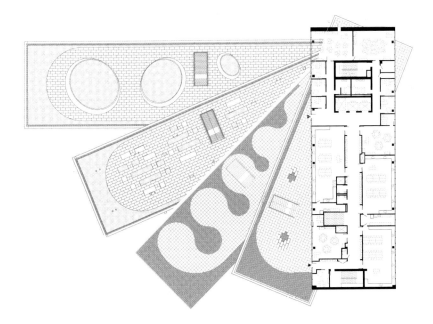

0 2 4   10   20m

LAURIAN GHINITOIU

LAURIAN GHINITOIU

LAURIAN GHINITOIU

LAURIAN GHINITOIU

LAURIAN GHINITOIU

奥胡斯海滨住宅

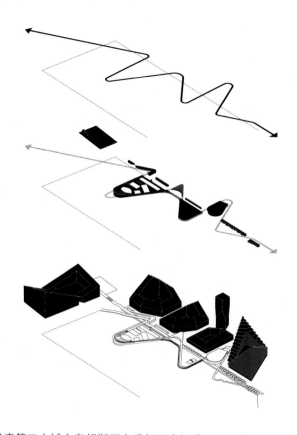

丹麦第二大城市奥胡斯正在重新开发旧港口。在按要求对一个废弃码头的岛形地块进行总体规划时，我们发现这里的城市生活已先我们一步到来。一家由几个集装箱和一堆沙子组成的酒吧似乎证明了生活并不需要建筑——然而事实恰恰相反。我们决定改变设计的过程，在设计建筑之前先在总体规划中设计公共空间，这样建筑就可以在已有生活的基础上成形。首先，一条新的步行长廊将城市与大海连接了起来，我们没有让其保守地沿着码头的边缘延伸，而是设计了一条充满活力的通道，定义了一系列新的陆地和水上公共空间，包括一个海港浴场、一个浮动海滩、一个剧院，以及一些好像凉亭一样的浴室，让建筑之间的生活先于建筑本身出现。我们在滨水区域设计了三座建筑：一座带有露台的双峰形住宅——标志着港口的入口；一座金字塔形的酒店——将步行长廊从滨水区域延伸到天空；还有一座瘦高的钟塔——一座大本钟形式的住宅，居民可以居住在钟塔的内部。我们经常发现自己无法创造出我们喜爱的那种老街区的奇特魅力，但通过让生活先行出现的方式，我们在奥胡斯创造了一座城市岛屿。虽然它受到了一些不完美因素的影响，但是这些缺憾正是现实生活的自然作用产生的。

丹麦，奥胡斯
26 500平方米｜混合用途
2019年

JAKOB LANGE

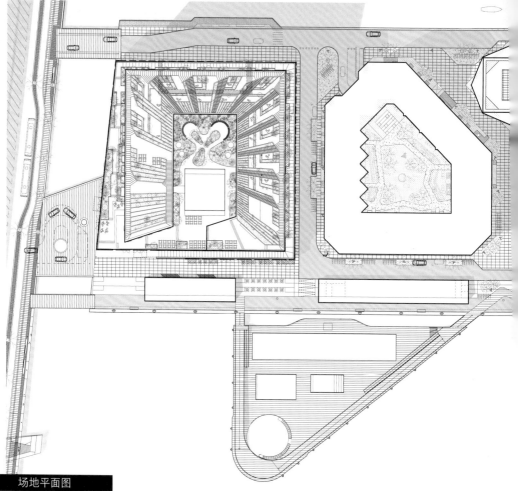

场地平面图

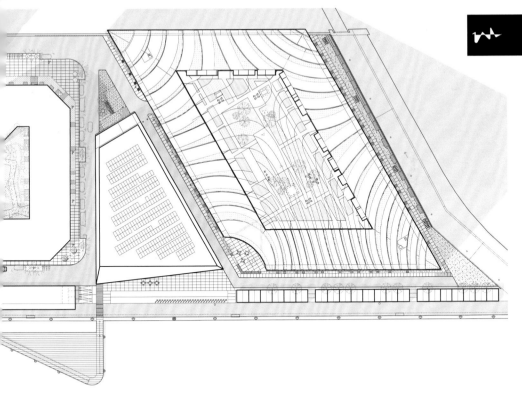

RASMUS HJORTSHØJ

RASMUS HJORTSHØJ

RASMUS HJORTSHØJ

RASMUS DANIEL TAUN

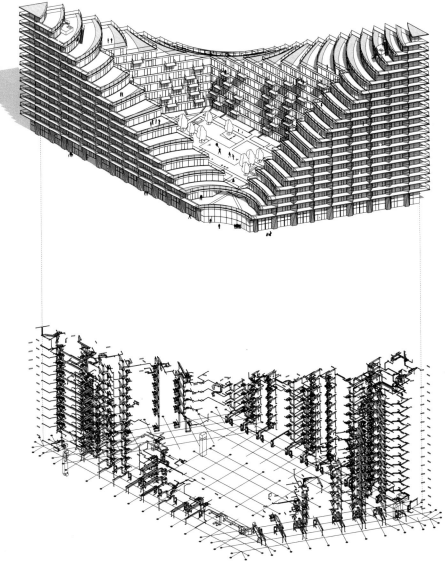

轴测分解图

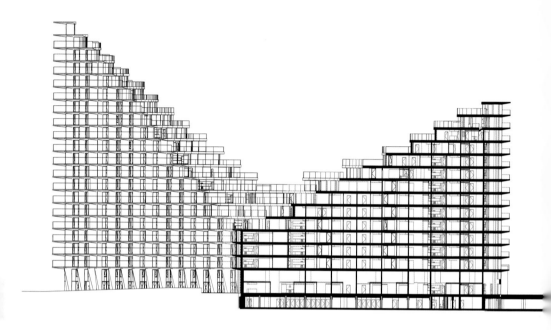

东西剖面图

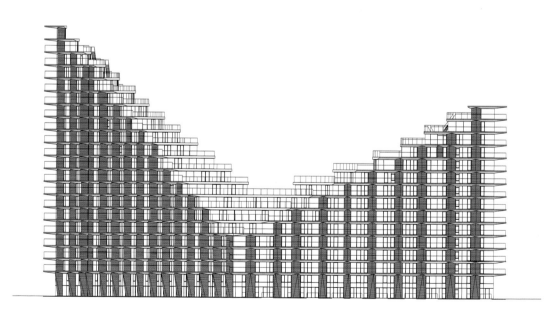

北立面图

0 1 2 5   10   15m

RASMUS HJORTSHØJ

313

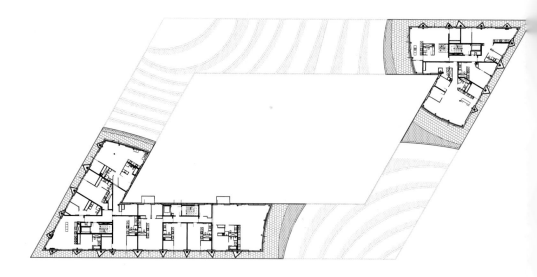

10层平面图

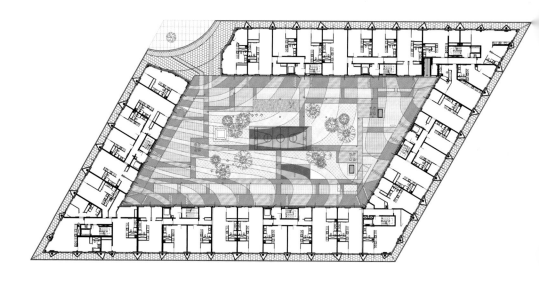

2层平面图

0 2 4　　10　　　20　　　30m

RASMUS HJORTSHØJ

RASMUS HJORTSHØJ

317

RASMUS HJORTSHØJ

RASMUS HJORTSHØJ

RASMUS HJORTSHØJ

RASMUS HJORTSHØJ

巴黎环形车站

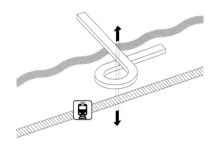

巴黎环形车站（Gare Du Pont De Bondy）延续了巴黎将桥梁作为社交空间和文化地标的传统。该车站位于 Bondy 社区、Bobigny 社区和 Noisy-le-Sec 社区的交会处。按照设计规划，它既是一座桥梁，又是一条通道，环绕着一个巨大的中庭，将河岸与火车进站点连接起来。过去深埋于地下的火车隧道将能看到巴黎的天空，三个相邻的社区也会经由一条独立的环道连接起来。它是一个新的建筑融合体，将城市基础设施和社交空间有机地结合起来。

法国，巴黎
10 000平方米 | 都市化
2030年

郭瓦纳斯金字塔形综合建筑

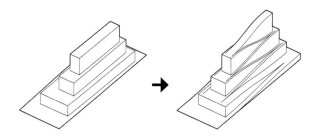

郭瓦纳斯金字塔形综合建筑（Gowanus Ziggurat）位于郭瓦纳斯运河沿岸。项目的设计围绕着一段上升的坡道展开，坡道从运河的边缘延伸到一座金字塔形的建筑，形成一个集休闲、文化、零售、工作和生活于一体的空间。该建筑根据每个功能项目所需的空间深度进行设计，从一楼的零售空间开始逐渐向上收缩，以适应办公空间、出租公寓和住宅公寓的需求。因此，建筑自然地形成了一系列阶梯结构，并在顶部形成一个屋顶公园。坡道的坡度随着楼层的高度逐渐变大，下部的公共楼层坡度平缓，骑自行车便可轻松到达，而坡道相对陡峭的顶部私人住宅则配备了步行道和花园。为了强调建筑的垂直设计，我们选用了不同的植物以适应不同的海拔高度，既有适合在运河附近生长的亲水的柳树，又有适合顶部环境的冷杉。游客、上班族和居民都可以在建筑的立面上骑自行车或步行。该建筑堪称真实世界的"金刚（King Kong）2.0"。

美国，纽约
78 000平方米
混合用途

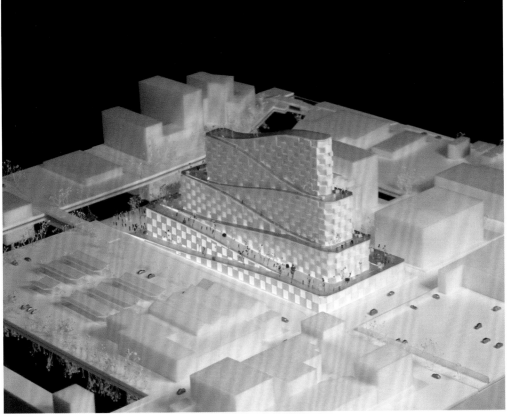

CapitaSpring大厦

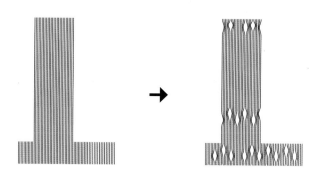

CapitaSpring 大厦位于新加坡金融区的中心地带，场地前身是一个 20 世纪 80 年代的立体停车场和集贸市场。建筑完全基于分区规划条例、街道墙要求和建筑后退红线进行设计，呈现出多边形的复杂结构。同时，建筑内的功能活动区域也有严格的划分——办公区要位于住宅上方，住宅则要位于食品市场和停车场上方。因为新加坡城市化的独特特点——密度极高、绿化极佳，我们决定将设计作为对热带城市的竖向探索。在地面上，封闭后的街道形成了一个全新的线性公园，就像一个可以免受强烈日晒和雨淋的公共广场。而在其上空，一个垂直公园以螺旋长廊的形式被嵌入大厦中部，并在热带树木之间向上延伸。顶部的都市森林让游客们尽享苍翠繁茂的景观。从外立面看，该建筑是一座罩着细条纹幕墙的经典大厦。幕墙的线性规律被打破的地方显露出内部的公园。这个设计表达了我们对未来的憧憬——城市和乡村、文明和自然可以共存，也表明城市景观可以在垂直维度上无限扩张。

新加坡
93 000平方米｜商业
2021年

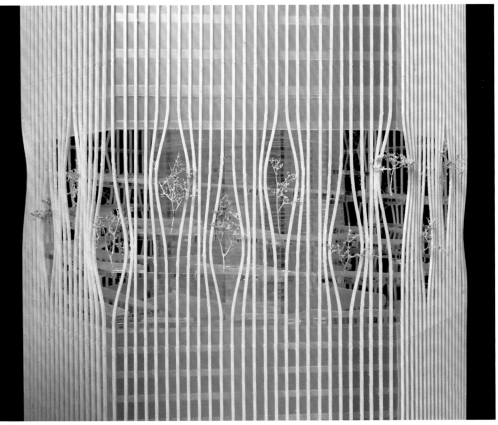

垂直绿洲

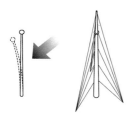

迪拜云溪塔（Dubai Creek Harbor Observation Tower）将绿洲提升到空中,在垂直方向每隔 100 米打造一个飘浮的"岛屿",犹如一串空中群岛。作为与迪拜著名地标哈利法塔对标的建筑,该观光塔用最少的材料在天际线上创造出最具存在感的建筑体量,用最少的钢材在天空中创造出了最多的空间。大跨度桥梁和通信塔使用的拉伸索构成了一个 800 米高的尖塔,周围环绕着螺旋状排列的拉伸索。为了塑造一个简单的垂直结构,瞭望塔由必要的升降电梯和楼梯组成,形成了细长的截面。瞭望塔就像一幅在天际线上的力线图,或者一件由结构意象而非物质构成的雕塑,它将是一个真正地属于第三个千年的地标。

阿联酋，迪拜
80 000平方米
观光塔

迈阿密生产中心

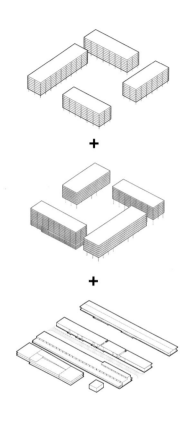

迈阿密生产中心(Miami Produce)位于阿拉帕塔工业区的中心。
项目被构想为一个三维的城市框架，是一个由大型工业楼板构
成的体量相互连接形成的街区，将容纳城市农场、餐厅、店面、
共享办公空间、共享公寓和教育项目。在地面层，一系列既有
仓库将被改造成充满活力的公共领域，同时保留社区的工业特
征。而在仓库之间，三个公共空间将展示各种不同的微气候景观，
并将建筑的功能空间延伸到室外。一系列线性体量层叠悬浮在
既有仓库之上，并在中央围合出一个大型的都市庭院。一排排
因不同的负载和高度需求而设计的不同尺寸的支柱在场地周边
形成一个可渗透的边界。每栋建筑的屋顶景观都经过特别规划，
在垂直方向上延伸了公共领域，让人们将迈阿密的迷人景观尽
收眼底。最终，该项目由三个垂直叠加的社区构成，形成了一
个融合工业和农业、办公园区和住宅的新城市街区。

美国，迈阿密
125 000平方米
住宅

341

THE SYMBIOTE

共生体

一个城市可能有教堂、博物馆或市政厅，公共建筑也会提供室内或室外的公共空间，但城市中 99% 的空间是用于人们生活、工作、学习或购物的地方。这些建筑大多基于零和博弈，也就是说它们将所有可用面积都用于私有土地用途。但是，如果每座建筑都只关注自身的功能，那么城市将变成一个只有私有空间而缺乏公共空间的贫瘠之地。为了让城市充满活力，仅仅局限于那 1% 的公共地标建筑是远远不够的，我们需要激活其余 99% 的空间才能产生巨大的影响。

　　"宿主架构"是送给"寄居项目"的一份礼物，为它们开辟空间，主动向它们敞开怀抱。建筑师的每一次建造都是一次良机，可以创造一个对公众来说比现存建筑更为迷人、更具魅力、更加便利的结构框架。例如，在一个文化机构的中心创造一个公共空间或一条公共通道；在一座剧场中腾出地面空间，将屋顶打造成户外的舞台剧场；在博物馆中，将地面和屋顶变为公共广场和层叠的游乐场；在海上建造城市街区，并使其可以像吊桥一样打开，让船只驶入；使一座企业孵化器大楼在纵深轴线和垂直轴线上都对公众有吸引力；将一个城市项目的整体式裙楼分解为由"山峰""山谷""洞穴""峡谷"构成的立体景观；在巴黎将一个街区内外翻转，上下颠倒；在米兰将两座高层建筑用一种悬链结构连接在一起，为下面的广场提供遮蔽物。

　　"宿主架构"是为了容纳"寄居项目"而创建的共生体。随着许多过去需要公共空间的活动（如购物、教育和社交）转移到线上，公共空间正在失去其在逻辑上存在的必要性。邂逅和面对面互动的兴奋及刺激成为仅剩的让人们离开舒适的触摸屏的理由。建筑的内部空间所承载的项目会随着时间的推移而改变，最终是"寄居项目"保持了建筑作为目的地的活力。一个建筑中最知名的空间可能不再是建筑面向主街的前部空间，而是建筑内部、地下或者上部空间。作为"宿主"的建筑用慷慨为自己找到一种生存策略，而外来者成为最终的空间占据者。

乐高之家

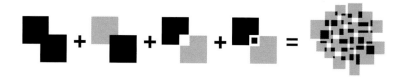

高公司成功地让全世界各地的人都相信它是来自他们自己国家的公司，但实际上它来自丹麦。可以想象一下我们应邀设计乐高之家（LEGO House）时的激动心情。项目位于丹麦比隆的中心地带，其设计与乐高本身一样充满魅力与吸引力。21个堆叠在一起的巨型积木体块，就像是一个个彼此拼接的独立建筑，创造出连贯而流畅的内外空间体验。在顶部，相互连接的游乐场构成了屋顶景观，欢迎所有人的到来。在下方，公共广场通过上部体量之间的空隙获得自然光线。公共广场看起来像一个无柱的城市洞穴，从广场四角都可以进入，游客和比隆市民可以在建筑中自由漫步。上面堆叠的展馆以乐高积木的原色搭配，因此穿越展览的体验就变成了一场色彩之旅。凭借系统的创造力，所有年龄段的孩子在这里都可以使用各种工具创造他们自己的世界，并通过游戏居住在其中。乐高之家可能是唯一一个鼓励人们触摸展品的博物馆。位于地下层的"Vault"收藏了乐高公司有史以来最珍贵的玩具产品。虽然乐高之家是所有年龄和国籍的乐高爱好者的朝圣之地，但它首先应是比隆这个世界儿童之都的市民所喜爱的公共空间。开放的屋顶和漫步广场延伸了城市的公共领域，也体现了乐高公司对社区的承诺。

丹麦，比隆
12 000平方米｜文化
2017年

IWAN BAAN

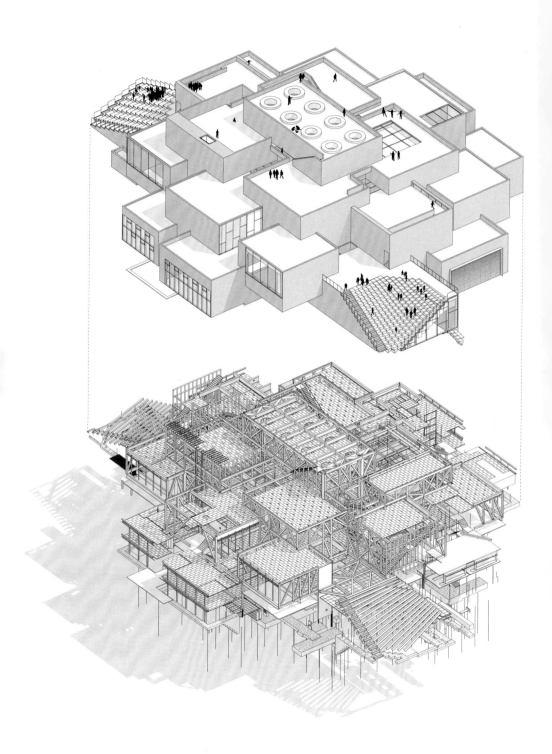

轴测分解图

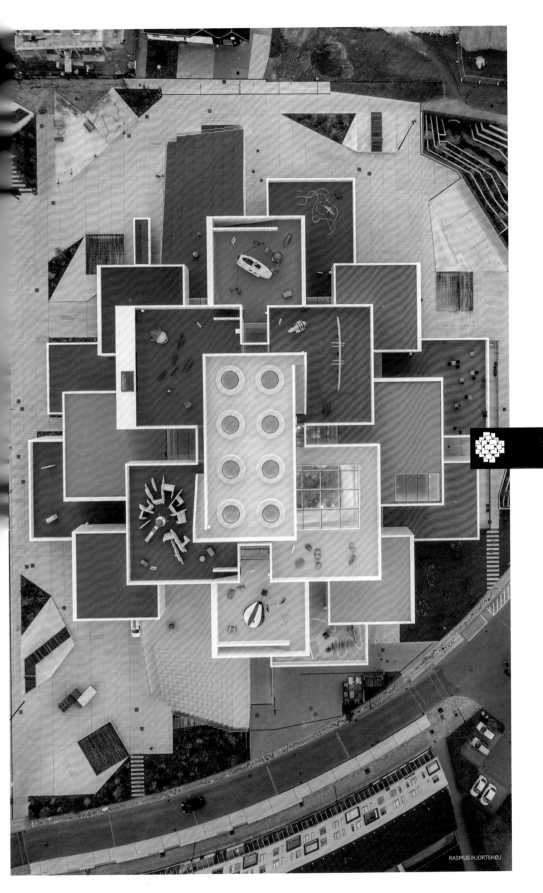

RASMUS HJORTSHØJ

347

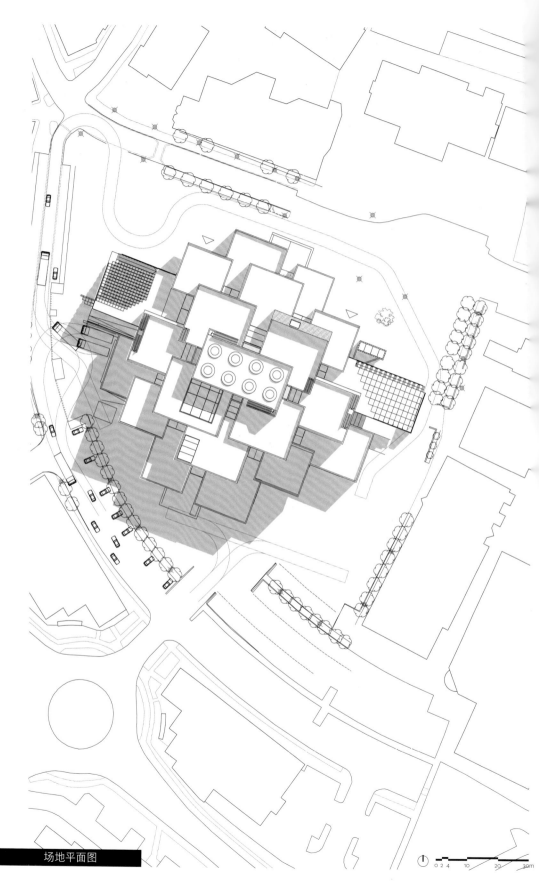

场地平面图

0 2 4　10　20　30m

IWAN BAAN

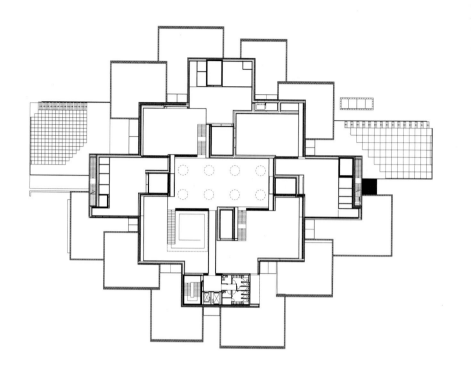

3层平面图

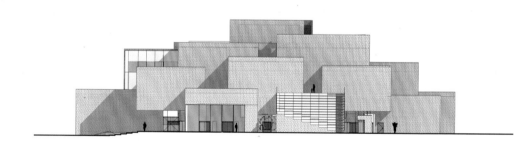

东立面图

纵剖面图

0 4 8   20   40   60m

IWAN BAAN

RASMUS HJORTSHØJ

IWAN BAAN

IWAN BAAN

RASMUS HJORTSHØJ

CAT HUANG

IWAN BAAN

MÉCA文化中心

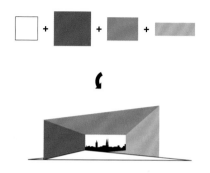

MÉCA 文化中心为颂扬当代艺术、电影和表演创造了一个以框架结构为基础的艺术空间。项目位于加伦河与圣约翰火车站之间的中心地带，汇集了三家地区性艺术机构——FRAC 当代艺术博物馆，ALCA 戏剧、文学和视听艺术博物馆，以及 OARA 表演艺术中心。该建筑的设计思路是形成一个公共机构的闭环。滨河步道从地面升起，为下方的共享大厅提供遮蔽。剧场和图书馆构成了两根支柱，支撑着用作视听空间的天窗阁楼。三家机构构建了一个中心空间，为城市生活以及视觉、叙事或表演艺术的户外活动提供了一个都市客厅。随着步道逐渐变成建筑立面，其混凝土铺面也逐渐变成了瓷砖立面。通过将它们拉开，缝隙扩展为窗口，为内部空间带来阳光和视野。在室内，由于预算有限，我们在材料的选择上遵循了柯布西耶式的朴素，几乎所有的表面都用混凝土完成，包括门厅的螺旋形下沉空间。在通往都市客厅的露天舞台上，艺术家贝诺特·梅尔（Benoît Maire）创作了一尊巨大的赫尔墨斯青铜头像——由于位于都市客厅边缘，头像被切掉了一半。这似乎与建筑师在建筑中创造孔洞的做法如出一辙，因为无论是对艺术作品还是对建筑来说，最令人兴奋的总是缺失的那一部分。

法国，波尔多
18 000平方米｜文化
2019年

LAURIAN GHINITOIU

LAURIAN GHINITOIU

LAURIAN GHINITOIU

LAURIAN GHINITOIU

LAURIAN GHINITOIU

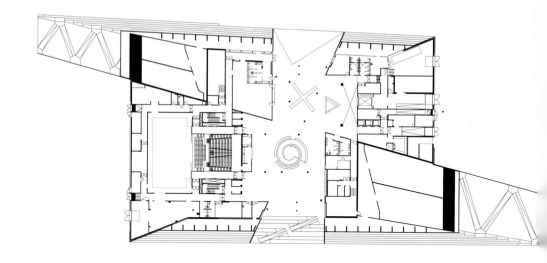

首层平面图

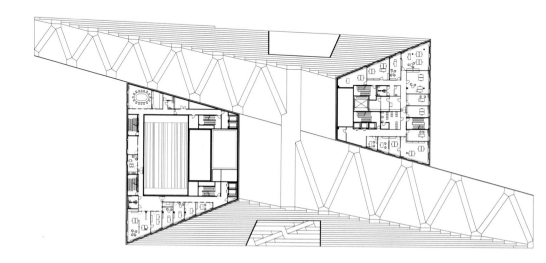

2层平面图

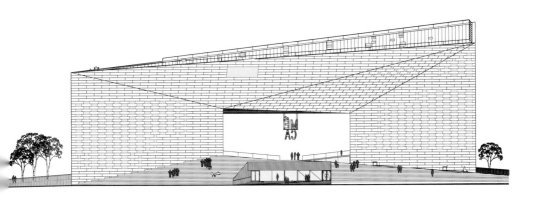

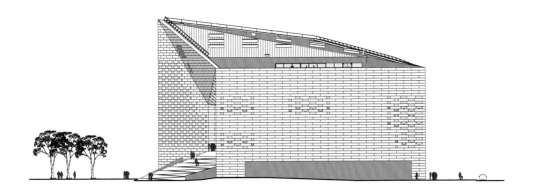

0 2 4　10　　20　　30m

LAURIAN GHINITOIU

LAURIAN GHINITOIU

LAURIAN GHINITOIU

FLORENT MICHEL

LAURIAN GHINITOIU

LAURIAN GHINITOIU

LAURIAN GHINITOIU

LAURIAN GHINITOIU

LAURIAN GHINITOIU

拉波特展馆

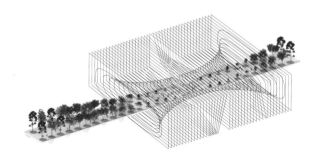

立波特展馆（La Porte）位于通往欧洲城的重要步道上，作为一个门户，使人们可以在社区和新火车站之间自由流动。一座绿树成荫的人行天桥穿过建筑，跨过城市的林荫大道。入口通道不是穿过建筑的矩形截面通道，而被设想为从一个立面到另一个立面的平滑过渡，将博物馆的内表面向外翻转。这座建筑将沿着天桥的方向由 43 个平行的混凝土框架组成。当人们从中穿过时，这些框架的排布会发生从宽疏到紧密的变化，而树木的布置也会产生从大型树木到小型盆栽，再从小型盆栽到大型树木的变化。建筑外立面看起来像一个从前到后逐渐塌陷的洞穴。从正面看，这座建筑并不透明，充满了神秘的气息。但当人们从中穿过时，会发现它竟然是一个完全透明的空间，各处都摆放着艺术作品，整个通道仿佛一条穿越艺术殿堂的长廊。如此一来，建筑的内表面裸露在外，而其主要的外墙立面则变成了内部空间。

法国，戈内斯
34 000平方米
文化

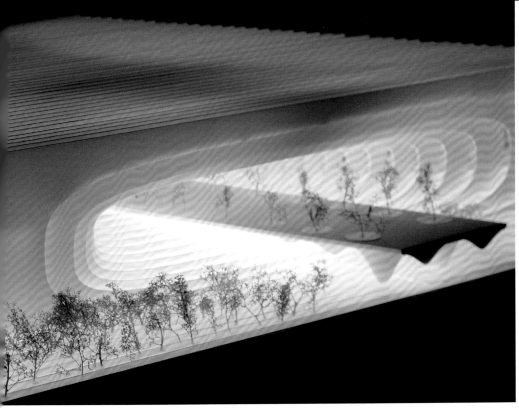

阿尔巴尼亚国家大剧院

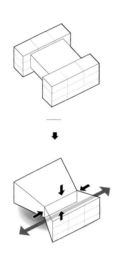

阿尔巴尼亚国家大剧院（Albanian National Theater）的设计构想是通过一个礼堂连接两座建筑：一座供观众使用，一座为演员打造。该建筑位于地拉那市内一条主要作为步行街区的文化轴线上，建筑的外壳在中部被压缩并挑起，在街道层面创造了剧院两侧的连接空间和公共广场。在下方，主礼堂从地面挑起，为观众和表演者创造了一个入口雨棚。在上方，凹陷的屋顶与下方拱起的雨棚相映成趣，形成了一个以城市天际线为背景的露天剧场。两个主要的外立面都对外开放，向公众展示室内的活动。一侧立面展示了门厅、休息室、酒吧、餐厅，以及两个实验舞台，就像玩偶屋中的房间。另一侧立面展示了后台、侧台、舞台下层和台塔，路过的市民可以将剧院的机械设施一览无余。几何结构的收缩点是通过将立面折叠成波纹状表面来实现的，类似传统灯罩或百褶裙的原理。主礼堂下方的公共廊道、开放性的主立面，以及露天剧场成就了建筑的公共性，也是对这座纯粹的观演建筑的一种特别的装饰。

阿尔巴尼亚，地拉那
9300平方米
文化

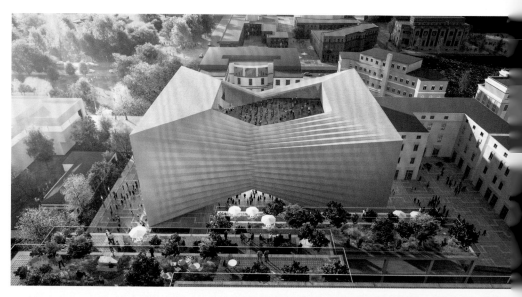

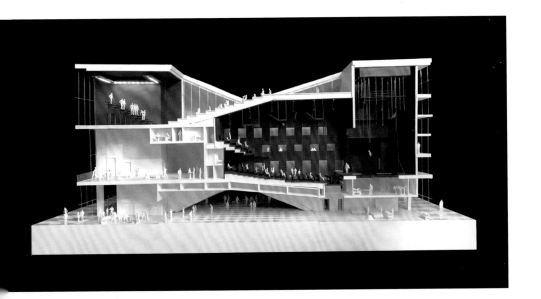

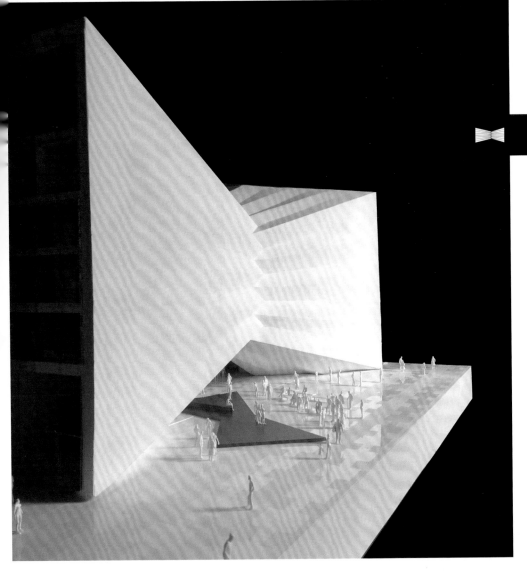

Sluishuis住宅

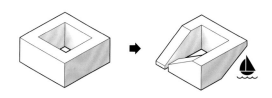

Sluishuis 住宅被构想为一个漂浮在艾湖之上的阿姆斯特丹传统街区式建筑。在朝向城市的一面，建筑体量呈"屈膝跪下"的姿态，仿佛在邀请游客爬上屋顶欣赏这处建在艾湖上的新社区的美景。在朝向湖水的一面，建筑从湖中挑起，船只可以经此进入庭院，停泊在内部码头。正所谓，港口中有建筑，建筑中有港口。码头的滨水步道环绕着建筑，并向外深入湖面，形成了一片由若干小岛组成的群岛。一条公共廊道顺着阶梯式的屋顶平台绵延而上，形成一条屋顶小路，最终盘旋至建筑的顶部。从某个角度望去，倒映在水中的建筑轮廓仿佛一艘船的船头。换一个视角看，它又是一个垂直的绿色社区。最后，当你逐渐走近或进入其中时，会发现这是一个融合了都市和港口风光的新型城市街区。

荷兰，阿姆斯特丹
46 000平方米｜住宅
2022年

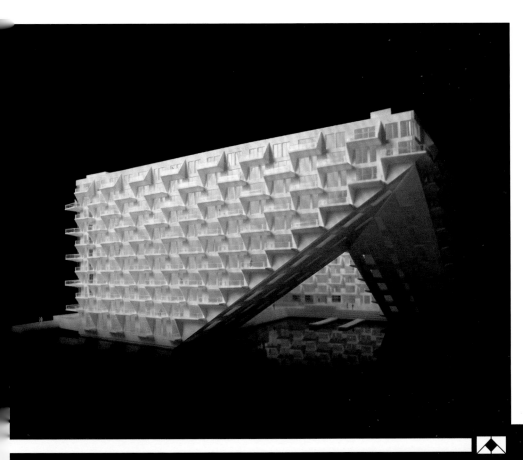

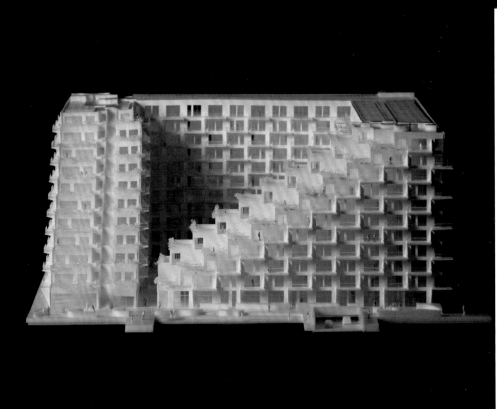

巴黎第六大学
科研中心

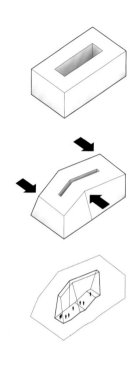

巴黎第六大学科研中心（Paris PARC）四周围绕着一些巴黎不同时代的标志性建筑，如阿拉伯世界文化中心、巴黎第六大学朱西耶校区和巴黎圣母院。其设计体现了过度饱和的城市环境所造成的压力印记，以及作用于其上的各种外部、内部力量产生的连锁反应：通过膨胀让光线和空气进入设施的核心区域；通过压缩确保邻近教室和宿舍的采光和视野；通过挑高使公众可以从广场和公园进入其中；最后通过倾斜向人们展现巴黎的天际线和巴黎圣母院的壮观景象。中央峡谷延伸出一个贯穿整个体量的公共空间，使建筑本身成为一个公园设施。大型的屋顶花园弥补了建筑占用的绿地空间，同时提供了一个有雨棚的户外用餐空间和一个可以俯瞰城市全景的缓坡草坪。人们可以在屋顶上看到巴黎圣母院的标志性景观，同时由于面向阿拉伯世界文化中心的外立面像潜望镜一样微微倾斜，人们还可以从广场上以水平视角看到巴黎圣母院的镜像。无论在视觉上还是在身体感受上，这都是一座令人兴奋无比的建筑。

法国，巴黎
15 000平方米｜教育
2021年

OFF ARCHITECTURE

OFF ARCHITECTURE

OFF ARCHITECTURE

多伦多国王街住宅综合体

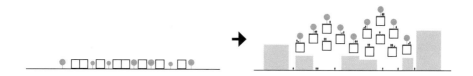

多伦多国王街住宅综合体（King Toronto）位于多伦多市东部高楼林立的中央商务区和西北部的低层社区之间的一个过渡区域。由于地处三个 20 世纪社区公园的交会点，该建筑被构想为一个传统的街区式建筑，中心设有公园和广场。广场由两种截然不同的氛围所定义：一种是郁郁葱葱的景观森林，另一种是城市硬景观庭院。环绕着广场的建筑像一组被向上挤压的体素一样升起，创造了生活、工作和购物空间。这个新的城市肌体组织将历史建筑包裹在内，形成了一个全新的有机框架。每个体素被设置为一个房间的大小，并与街道网格形成 45° 角，以获得更好的采光和通风条件。在底部，我们通过提高体素的位置创造了穿过庭院的通道。屋顶表面呈起伏造型，这样不仅不会遮挡街道的阳光，还为每个住宅单元创造了绿色的露台空间。由此产生的都市建筑是多伦多主流的大厦加裙楼组合的根本替代方案。它与摩西·萨夫迪（Moshe Safdie）在蒙特利尔栖息地 67 项目中提出的一些革命性构想遥相呼应，但它不是一个在孤岛上进行的乌托邦实验，而是嵌套在城市核心区域的建筑群。50 年后的今天，栖息地 67 项目的理念从独特的原型发展为一种城市建筑类型。

加拿大，多伦多
57 000平方米｜住宅
2023年

HAYES DAVIDSON

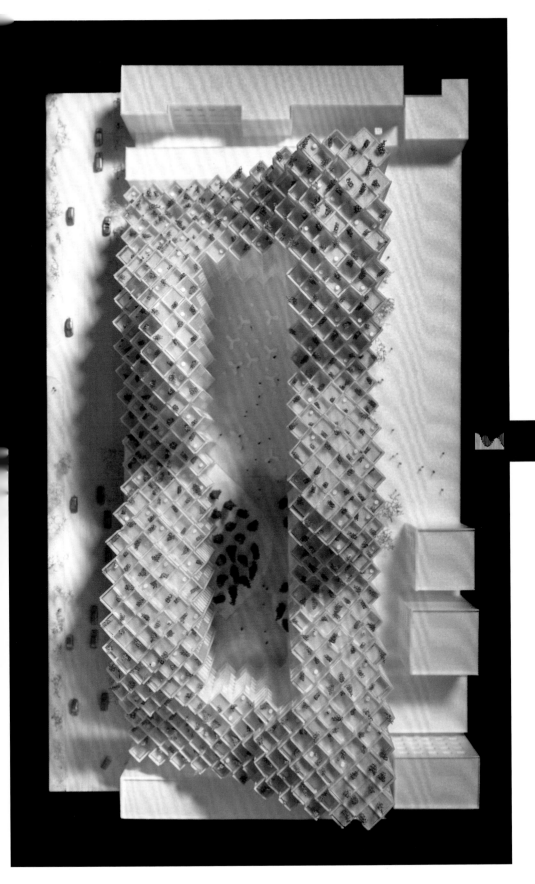

Le Marais à
L'Inverse改造项目

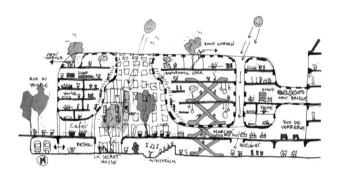

位于巴黎中心地带的玛莱区（Le Marais）有着独特的多孔城市肌理。从外面看，它是一个传统的巴黎街区；而走入内部后发现，它像一个由若干彼此相连的庭院构成的迷宫。这个项目的设计构思是通过对建筑外部的设计实现对内部都市庭院的改造，将内部空间展现于外部：使墙壁向内凹陷，成为通道；让外立面折叠起来，覆盖庭院，或者环绕在四周成为屋顶，甚至延伸成一座横跨街道的天桥，与相邻街区连通。古典风格的墙壁和窗户以巴黎当地的石灰石建造，而对古典城市肌理具有迷幻感的物理和视觉处理手段使石头呈现出具有流动感的形式，堪称迷幻的古典主义，似乎艺术家萨尔瓦多·达利（Salvador Dalí）才是它的建筑师。乍一看，新建筑与周围的建筑浑然一体，但仔细观察，会发现它是一座社会雕塑，由来往于街道、拱门、庭院和屋顶之间的人流塑造而成。

法国，巴黎
6500平方米
混合用途

北立面图

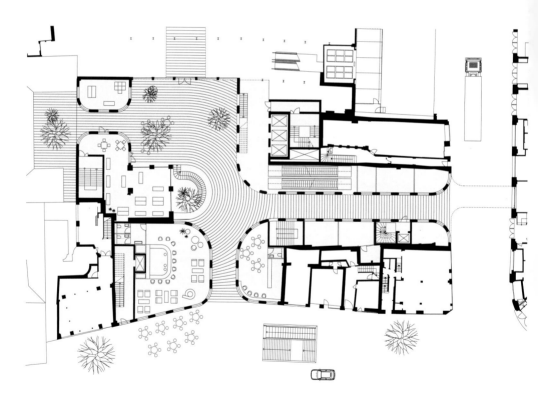

首层平面图

0 4 8　　20　　　　40m

米兰CityLife办公综合体

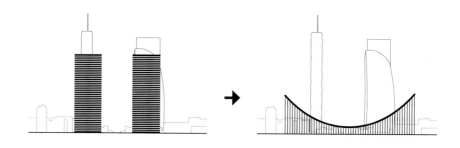

米兰的城市生活（CityLife）商业区由三座标志性的塔楼组成，周围环绕着一个绿色公共区域。虽然业主要求在该地块上设计第四座塔楼，但三个现有的标志性建筑的存在为探索不同的城市空间类型提供了契机。我们建议建造两个独立的建筑，用140米长的悬挂式屋顶结构连接起来，从而在下方创造出一个宽敞而有遮挡的公共区域，作为城市生活商业区的入口，形成米兰CityLife办公综合体。我们的方案不是为了与现有的环境竞争，而是试图使其更加完善。该综合体是从内部空间到外部空间的延伸，使人们一年四季都能享受到宜人的气候。建筑由悬挂式结构构成，屋顶较轻，由细柱承受张力，以防止隆起。项目中包含两个供员工使用的庭院，让他们在工作日有一个地方可以小憩，而中心区域带有遮盖的大型公共空间则是献给米兰市民的礼物。在弯曲的屋顶下，逐级跌落的环形设施让内部的工作空间相连接，并延伸到屋顶酒吧，人们在那里可以俯瞰阿尔卑斯山和罗萨山的风光。纵观米兰的城市历史，一系列双子建筑和一扇大门是城市轴线的象征。米兰CityLife办公综合体是这种城市建筑类型的演变，创造了通往城市生活商业区的门户，也成了米兰人重要的出行目的地。

意大利，米兰
53 500平方米｜商业
2023年

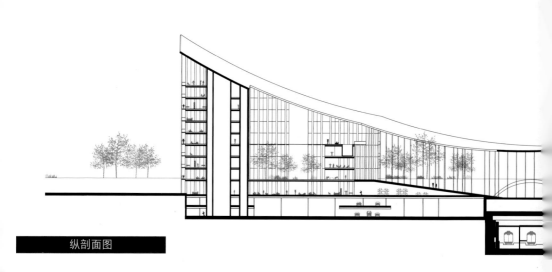

纵剖面图

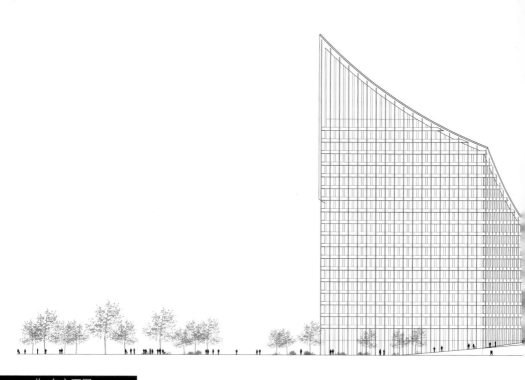

北-东立面图

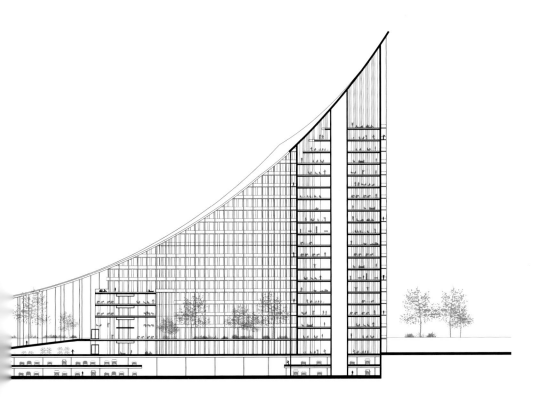

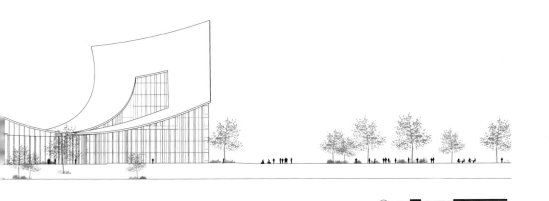

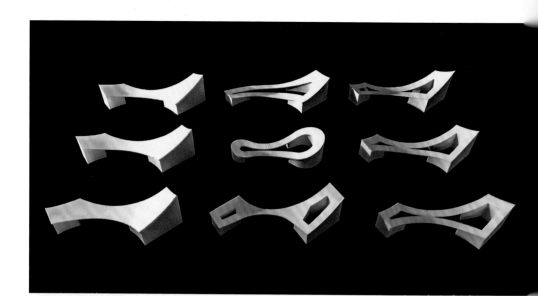

创新公园

我们应邀在布宜诺斯艾利斯的一个门户地区设计两个都市街区——创新公园（Parque De La Innovación）。场地地块决定了这是一个高密度的开发项目——打造两个高100米的紧凑体量和一个小型的公共空间。其结果有点像带有一道小缝隙的城市高墙。我们需要打破这一模式。较少的公共空间意味着设计的自由度更高，但是空间品质也会较差，于是我们决定反其道而行之。布宜诺斯艾利斯是一座生机勃勃的城市，有着丰富多彩的社交生活。然而，令我们惊讶的是，这里的人均公共绿地面积只有2平方米，而世界卫生组织建议的人均绿地面积为9平方米。这正是我们要解决的问题。两个街区将被改造为5座大楼，每座大楼的高度各不相同，从而消除高墙的轮廓效果。裙楼部分被降低为若干个半下沉的展馆，每个展馆的屋顶都被设计成绿色的斜坡。我们将每座大楼的底部收缩，以减少占地面积，使公共花园得以扩展。大楼顶部以同样的方式收缩，为在此居住或工作的人创造了露台景观。最终，这个综合性建筑群提供了一个全新的公园，使公共绿地面积增加了3倍以上，并为城市的天际线增添了峰峦起伏的轮廓。在公共利益和私人利益的协同作用下，我们通过在公众最需要的地方提供空间，在上层空间找回了重新规划城市密度的自由。

阿根廷，布宜诺斯艾利斯
220 000平方米
混合用途

403

PRODUCTIZATION
产品化

最多产的建筑师在一生中可能会完成 100 个建筑，至多 1000 个，但在全球每年新增的总面积数十亿平方米的建筑中，这只是沧海一粟。由于无法规模化生产，即使在生产力达到上限的情况下，建筑也仍然保留着精品建造的特性。如果我们看看过去 30 年里美国制造业生产率的增长，就会发现每个工人创造的价值增长超过了 150%。而在建筑方面，我们则会看到平缓的下降趋势。这主要是因为建筑行业实际上并未受到席卷制造业的自动化浪潮的影响。尽管建筑行业明显缺乏创新，但每一栋建筑都是一个原型——因为建筑设计总是从头开始。对原创的坚持是原创建筑的最大障碍。由于坚持不重复的设计，我们在建筑行业中缺少制造业中蕴含的精化和优化的力量；例如，即使设计在类型学上没有改变，iPhone X 也远远优于 iPhone 1。

　　通过建筑的产品化，我们可以大规模地传递建筑的影响力。我们可以将建筑缩小到家具的规模——将建筑缩小成一个产品或者一台预制的、功能齐全的卡车。或者，我们可以设计预制元素，就像建筑版的乐高积木一样，在组装的过程中产生无限的变化。我们可以创建经典的建筑原型，并将其重新部署到世界各地的城市，由于地理上的分隔，这样并不会损害它们的独特性。最后，通过将我们自己从建筑最大的优点和缺点——与房地产、固定资产的内在联系中解放出来，我们或许真的能够把建筑和城市产品化。将建筑从陆地和重力中解放出来，让它们漂浮在水面上，就像一群等待靠岸的预制街区舰队，这种等待也许持续一年，也许持续十年，也可能持续一个世纪。建筑师有丰富的想法，但往往缺乏影响力。有思想但没有行动，有愿景但没有使命，一切都将是空谈。产品化可以将制造业的力量释放到建筑业，以实现规模效应，最终融合两个领域的优势，实现大量定制与可持续设计，以及低成本、高质量。原创将有一个新的标准。

城市船舱

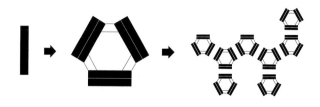

在哥本哈根，港口仍然是城市中心未充分利用和开发的区域。通过引入一种专为港口城市而优化的建筑类型，我们可以实施一种住房解决方案，将学生留在城市的中心。由于标准化集装箱系统的发展，货物可以通过复杂的物流网络以极低的成本运输到世界各地。根据这种标准化集装箱系统，我们提出了一种非常灵活的建筑类型框架，将 9 个集装箱单元在一个浮桥平台上堆叠成一个底面为六边形的结构，从而创造出 12 间学生公寓，并在中央围合出一个公共庭院。由此构成的住宅既享有滨海景观，还直接通往哥本哈根的清洁水域，居住在里面的人可以直接从窗户跳到海中游泳。每个漂浮的集装箱组合就像一个微型的人造生态系统：通过热泵抽取港口的海水并加热，用于淋浴和供暖；通过集装箱上的光伏板为学生及其家人提供电力。除了可以批量建造之外，这些公寓还具有良好的浮力以及移动性。如果哥本哈根的情况发生变化，这些集装箱可以被轻松拆解，并牵引到下一个城市开发区域——这是一支可部署的房屋舰队，随时准备起锚和停靠，形成下一个临时居住阵地。

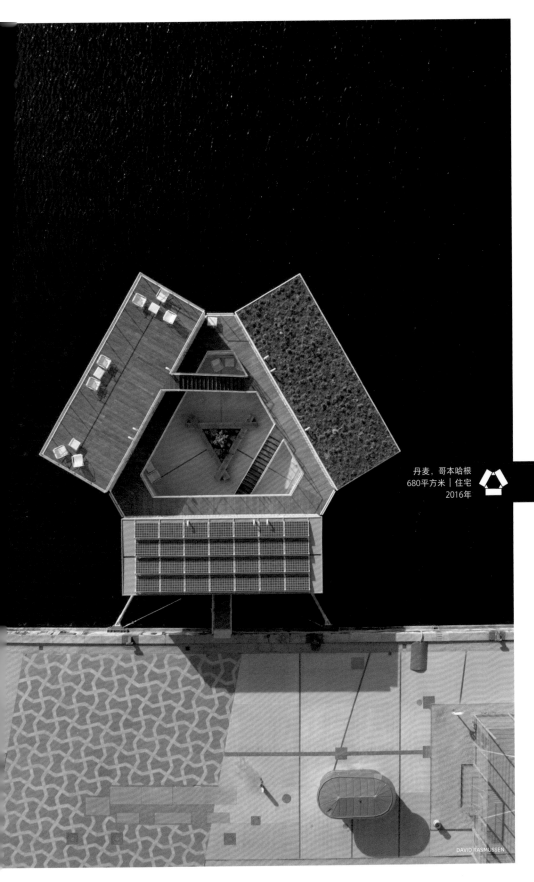

丹麦，哥本哈根
680平方米 | 住宅
2016年

DAVID RASMUSSEN

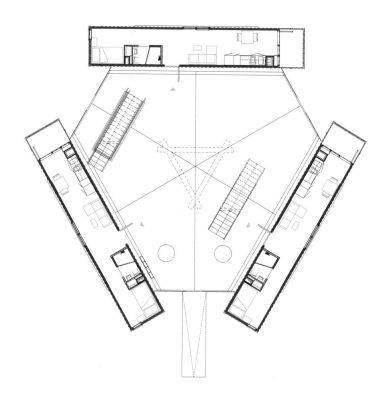

首层平面图

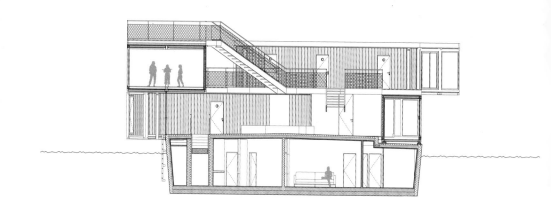

剖面图

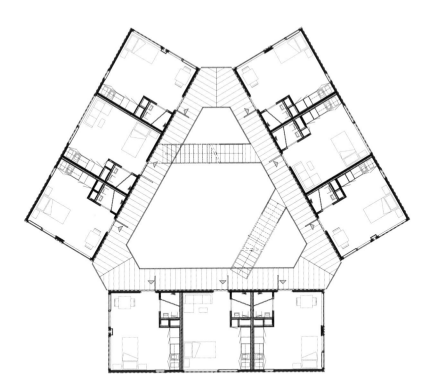

2层平面图

立面图

0 0.5 1   2.5   5m

LAURENT DE CARNIERE

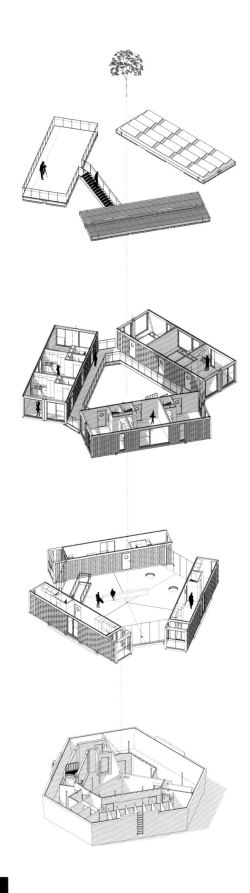

轴测分解图

LAURENT DE CARNIERE

LAURENT DE CARNIERE

LAURENT DE CARNIERE

© URBAN RIGGER APS.

WeGrow儿童共享学习空间

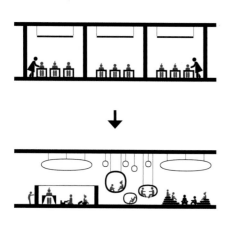

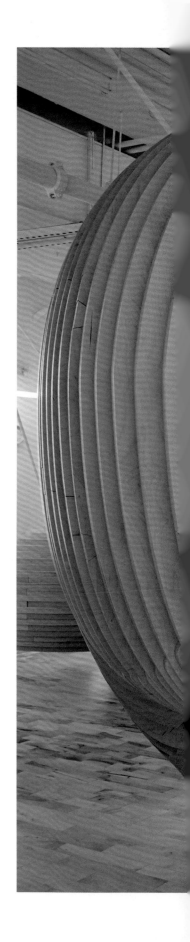

这是 WeGrow 在纽约的第一所学校，实践了一种变革性和整体性的学习模式。不同于传统的指示性学习模式，这是一种直觉性学习模式。该项目通过一个由很多椭圆形物体构成的场域，形成了一个既密集、理性，又自由、灵活的学习场景。模块化教室、树屋和垂直农场生成了一种包容、协作的教学环境。学校内部采用不高于孩子身高的书架作为隔墙，这样自然光就可以到达空间的深处。由毛毡制成的"声波反射云"呈现出各种来自自然界的图案——指纹、珊瑚或月亮，并用凯特拉（Ketra）灯泡照明。随着一天中的时间变化，灯光的颜色和强度也会发生变化。大自然的元素在整个 WeGrow 学校中随处可见，为孩子们的专注学习创造了安静的环境——蘑菇书架、魔法草坪、柔软的鹅卵石和阅读蜂巢构成了一个充满生机与活力的学习环境。学习的框架可以随着生活和课程的变化而变化，孩子们能够在玩耍和实验中塑造自己喜欢的环境并获得成长。

美国，纽约
1830平方米 | 教育
2019年

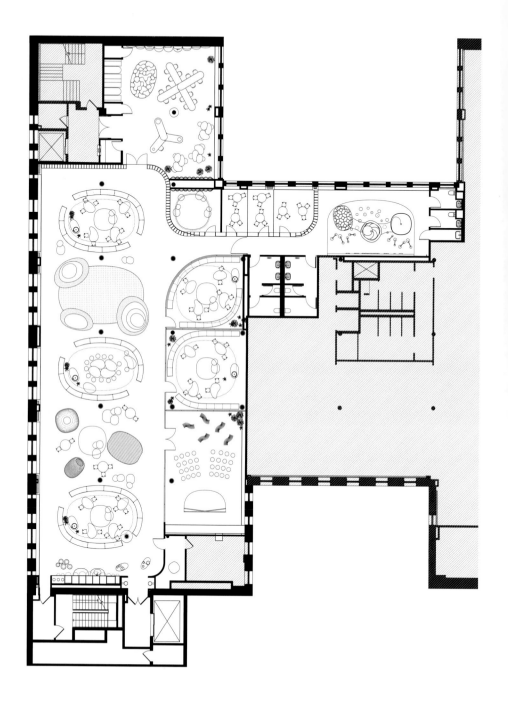

楼层平面图

0 0.5 1　2.5　5　10m

KATELYN PERRY

DAVE BURK

421

LAURIAN GHINITOIU

LAURIAN GHINITOIU

LAURIAN GHINITOIU

LAURIAN GHINITOIU

423

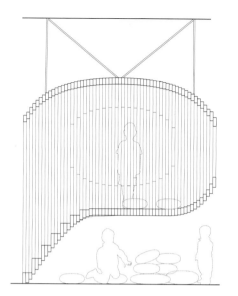

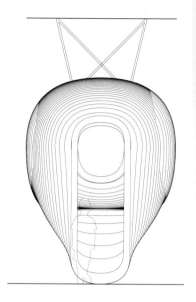

0 0.1 0.2   0.5   1   1.5m

KATELYN PERRY

425

KATELYN PERRY

427

Klein小屋

Klein 小屋是一种按比例缩小为产品的建筑，能够以模块化的形式现场交付，并采用100%可回收材料建造。未来的房主可在任何地点购买、定制和建造这种小屋，并用于任何用途，从周末度假屋到旅馆，从音乐工作室到创作工作室，这种小屋都很适合。该设计由传统的 A 形结构小屋衍生而来，有着倾斜的屋顶和墙壁，易于建造，且即使面对恶劣的气候条件也格外耐用。通过将结构旋转 45°，房屋的最低部分被转移到两个角落，从而最大限度地提高内部天花板的高度，获得比传统的 A 形框架结构更为宽敞的内部空间，同时呈现出一种如水晶般变幻的视觉感受——小屋从某种角度看去，几乎就是一个立方体造型，而从其他角度望去则好像一个锥形尖顶构造或者传统 A 形结构。宽大的无框窗户和海洋帆布覆盖在结构表面，打造了一个无缝的防风雨外壳。室内设计充分融入自然的元素，空间极为舒适。暴露的木框架和深色的绝缘软木将大自然的气息带入室内，也更加突出了室外的荒野景观。房间角落里有一个小型壁炉，其后隐藏着离网供电设备，可完全实现住宅自供电。

美国，纽约
17平方米｜住宅
2018年

SØREN ROSE STUIDO

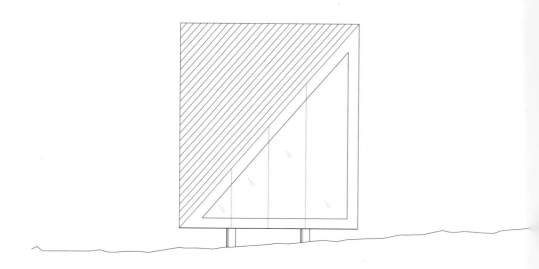

立面图1

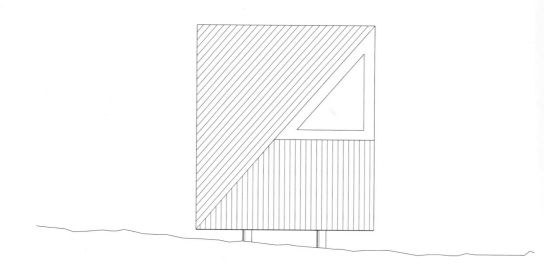

立面图2

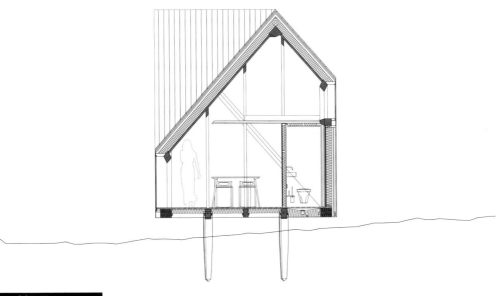

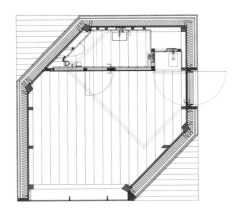

0 0.3 0.6   1.5   3m

MATTHEW CARBONE

MATTHEW CARBONE

MATTHEW CARBONE

435

MATTHEW CARBONE

Dortheavej 2
预制住宅

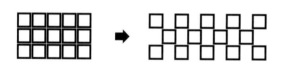

使用房间大小的模块进行预制有一个常见的弊端，即在组装时所有表面都要成对——墙面对墙面、地板对天花板。我们通过将模块分离，消除了冗余的缺陷，并且得到一个意外收获——创建了超高举架的厨房和餐厅。由此产生的方格图案成为项目的标志性特征。建筑的造型犹如一堵多孔的墙，在中心微微弯曲，为南面街道的公共广场和北面私密的绿色庭院创造了空间。在街道层面，建筑的开放设计允许居民畅通无阻地进入庭院。所有材料的选择都出于经济效益的考虑：裸露的混凝土天花板、阳台上的建筑围栏和护栏、松木的外墙立面。最终呈现的是一个自由、灵活、优雅、有机的建筑，可以定制并适应多种场地条件，同时有望通过不断迭代演变为一个日益完善的设计。

丹麦，哥本哈根
6800平方米 | 住宅
2018年

RASMUS HJORTSHØJ

南立面图

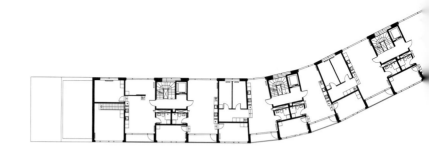

3层平面图

RASMUS HJORTSHØJ

RASMUS HJORTSHØJ

RASMUS HJORTSHØJ

RASMUS HJORTSHØJ

仙人掌大厦

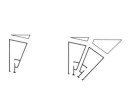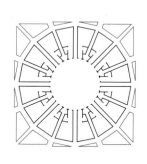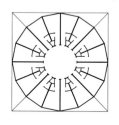

仙人掌大厦（Kaktus Towers）是我们首次尝试设计的大规模生产模块化住宅。我们将一对对楔形单元镜像组合起来，然后用八个这样的组合构成一种十六边形的平面布局。楔形的阳台经过镜像和重复操作，形成了方形轮廓。环绕在中央电梯周围的螺旋楼梯创造了一个紧凑的核心，整个组件可以无限堆叠。通过在每一层对同样的阳台采用不同的方式安装，我们为大厦创造了一种复杂的、个性化的雕塑感，尽管每个单元都由相同的元素组成，但总重复次数是最大的变量。随着我们在丹麦、挪威、瑞典、德国、英国和爱尔兰不断重复建造这个项目，我们获得了改进和完善的机会，完成了项目从 1.0 到 1.3 再到 2.0 版本的进化。有点讽刺意味的是，建筑类型的重复竟然成了我们进行产品创新的敲门砖。

丹麦，哥本哈根
26 100平方米｜住宅
2021年

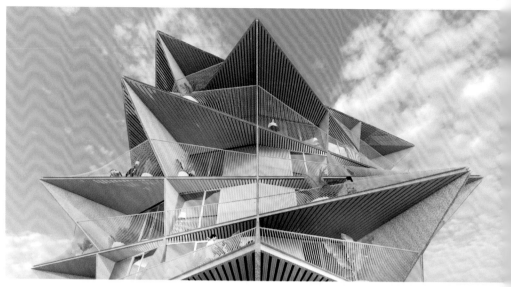

BIOPHILIA
亲生命性

人类与其他生命形式之间的鸿沟越来越大。城市正在变得单一化，人口在不断增加，生物多样性却每况愈下。生命系统可以为城市提供很多东西。死物在那里腐烂，活物在那里生长；宫殿变成废墟，田野变成森林。如果我们能设计出可以持续生长而不是不断退化的城市会怎样呢？通过享乐主义的可持续发展，生长打破了城市和农村之间的传统界限——在改善人类居民生活质量的同时，设计出生态繁荣的环境。与依靠减少和牺牲来实现绿色生态相比，生长型的城市更能令人满意，也更具可持续性。

　　想象一下，一家餐馆不仅能制作和消耗食物，还会种植农作物；一个为动物和人类共同设计的动物园，犹如镇上最具生物多样性的社区；一个从零开始设计的漂浮城市，可以实现联合国的每一个可持续发展目标。所有的能量都来自大自然：海洋的热含量、洋流和潮汐的流动、海浪的力量、太阳的能量和热量，还有风的能量。通过自然和机械系统的结合，在本地进行水的收集和净化。食物也都是本地种植或饲养的，以植物和鱼类为主。废物经过回收、分解、堆肥，被派上新的用场或被作为能源收集起来。城市设计不是围绕着街道网格或建筑布局进行的，而是从可利用的可再生资源和其他资源在城市中的有序流动入手。通过添加一个又一个漂浮的岛屿，城市自由地有机生长，形成像细胞群一样相互连接的城市群岛。这些岛屿可以像拼图一样滑动重组，像培养皿中的培养基一样生长。未来，我们通过生物组织来设计，同时也为生物组织进行相应的设计，以实现所有生命形式的和谐共存。人造的生态系统，是通过生长而不是建造来实现的。

熊猫馆

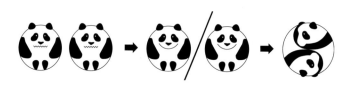

在哥本哈根动物园的中心地带为两只大熊猫毛笋和星二建造丹麦的家园时，我们遭遇的设计挑战竟然是必须将它们完全分开。这是因为除了每年雌性发情期的那几天，两只大熊猫总是打架——即使是大熊猫也有同居问题。最显而易见的解决方案就是把一个圆形的栖息地分成两个独立的区域——一个给雄性，一个给雌性，从上面看起来就像一个太极符号。通过提升或降低边缘，我们以尽可能隐秘的方式在熊猫和游客之间建立必要的防护设施。一家餐馆还为客人提供了一边用餐，一边观看熊猫的机会。项目所使用的材料是真实而有熟悉感的：用竹模板浇筑的混凝土、由耐蚀钢管制成的形似竹子的围栏、由河里的卵石制成的模仿熊猫皮毛上黑白图案的巨型水磨石。最终，我们创造了一个独具风格的大熊猫栖息地，兼具斯堪的纳维亚与亚洲的自然和文化元素。

丹麦，哥本哈根
2450平方米｜混合用途
2019年

RASMUS HJORTSHØJ

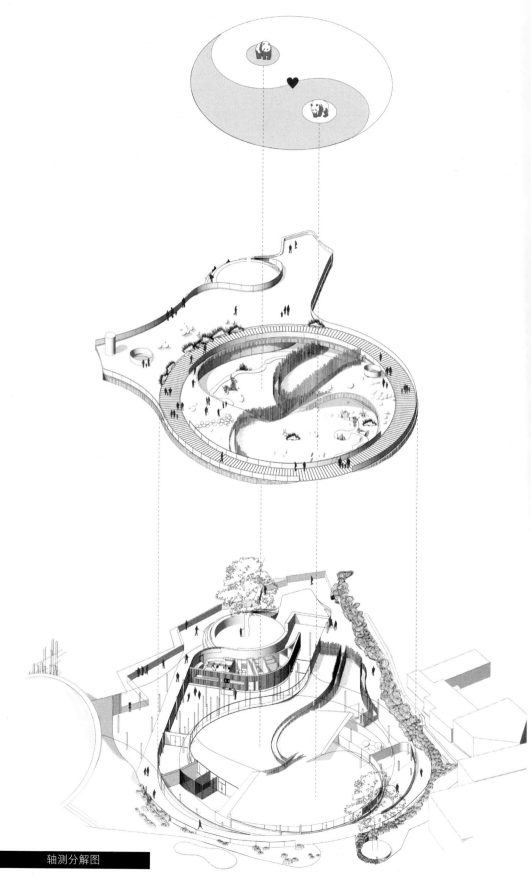

轴测分解图

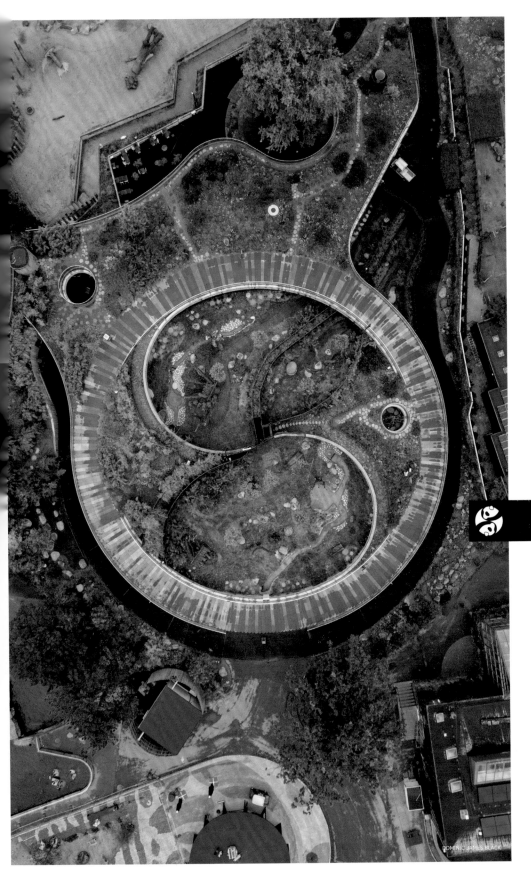

RASMUS HJORTSHØJ

RASMUS HJORTSHØJ

RASMUS HJORTSHØJ

459

RASMUS HJORTSHØJ

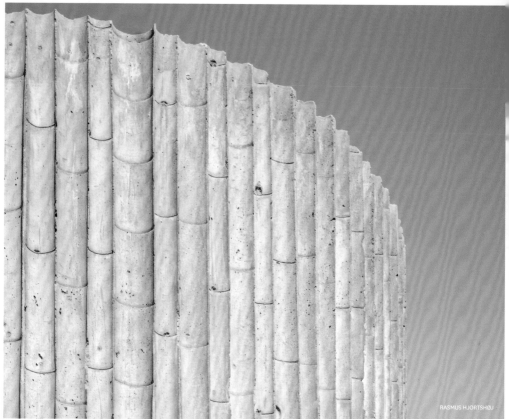
RASMUS HJORTSHØJ

RASMUS HJORTSHØJ

RASMUS HJORTSHØJ

RASMUS HJORTSHØJ

462

RASMUS HJORTSHØJ

463

Noma餐厅2.0

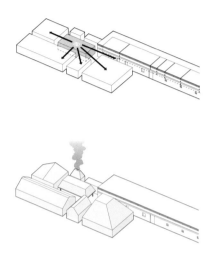

Noma 餐厅 2.0 建于克里斯钦尼亚的一处受保护的旧防御工事遗址上，这里曾被用来为丹麦皇家海军储存水雷。该项目的设计理念是将传统的单体餐厅建筑拆解为若干个部分并重新组合，以让厨师处于餐厅的中心位置。一系列独立但相互连接的建筑根据特定需求量身定制，并紧密地聚集在厨房周围。厨房是一个全景的封闭空间，厨师可以看到员工和客人用餐区域，而客人也可以了解传统的后厨操作。以玻璃覆盖的小径将这些建筑连接起来，使工作人员和客人能够随时感受到天气、日光和季节的变化，从而让自然环境成为烹饪与美食体验的一部分。这座古老仓库的原始外壳被保存下来，内设后台功能区，包括准备厨房、发酵室、鱼缸、玻璃花园、蚂蚁农场和员工休息区。客人可以漫步于这些建筑之间，感受北欧的材料和建造技术。烧烤区是一个巨大的步入式烟囱形钢结构，而休息室无论看起来还是感觉上都像一个房间规模的温暖壁炉，内外都是砖砌的。三座温室分别用作食品生产区、抵达休息室和实验厨房。由皮耶特·奥多夫（Piet Oudolf）设计的永续栽培农业园将以前的军事设施转变为一个城市农场兼感官花园，用于北欧美食的生产、制作和消费。

丹麦，哥本哈根
1290平方米｜文化 **noma**
2018年

RASMUS HJORTSHØJ

465

noma

东立面图

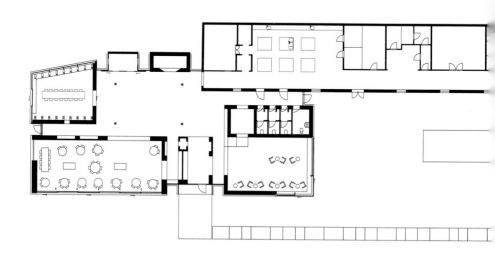

首层平面图

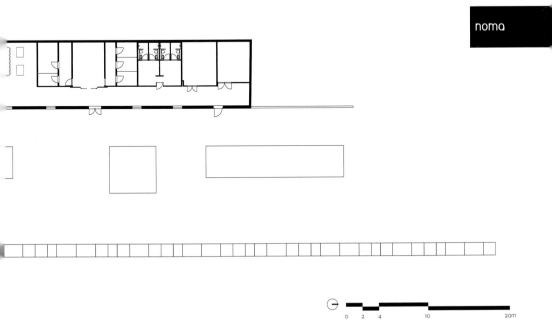

noma

0 2 4   10   20m

SØREN AAGAARD

RASMUS HJORTSHØJ

noma

RASMUS HJORTSHØJ

RASMUS HJORTSHØJ

noma

RASMUS HJORTSHØJ

RASMUS HJORTSHØJ

RASMUS HJORTSHØJ

noma

RASMUS HJORTSHØJ

RASMUS HJORTSHØJ

RASMUS HJORTSHØJ

noma

RASMUS HJORTSHØJ

RASMUS HJORTSHØJ

RASMUS HJORTSHØJ

noma

RASMUS HJORTSHØJ

noma

RASMUS HJORTSHØJ

漂浮城市

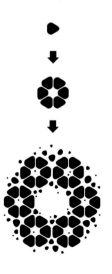

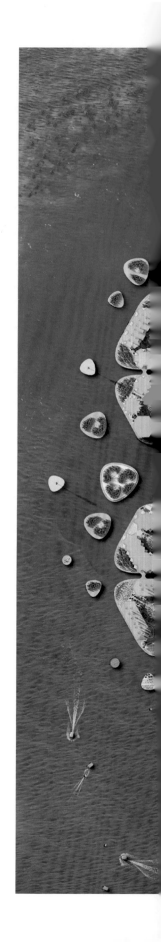

到 2050 年，全球 90% 的大城市将面临海平面上升的威胁。在
联合国人居署新城市议程中，我们提出了世界上第一个可容纳
万名居民的可持续漂浮社区的构想。作为一个人造生态系统，
漂浮城市（Oceanix City）立足于联合国可持续发展目标，引
导能源、水、食物和垃圾的流动，创建了一个模块化海洋大都
市的蓝图。漂浮城市的设计目标是让城市随着时间的推移而有
机地发展、变化和适应，从社区发展到城市，并具有无限扩展
的可能性。两公顷的模块化街区创造了多达 300 个可实现自给
自足的繁荣社区。社区内所有建筑都保持在七层以下，以降低
重心并提高抗风能力。每栋建筑都呈扇形展开，为内部空间和
公共区域遮阴，不仅提供了舒适感，降低了制冷成本，而且最
大限度地扩大了屋顶面积，以获取太阳能。公共农场是每个平
台的核心，让居民接受共享文化和零垃圾系统。位于海平面下
方的平台养殖生物礁、海藻、牡蛎、贻贝、扇贝、蛤蜊，它们
能清洁水域，并加速生态系统的再生。居民可以使用电动车辆、
船只或轻松步行穿越城市。所有社区，无论大小，都将优先考
虑使用本地建筑材料建造。例如，快速生长的竹子，其抗拉强
度是钢的 6 倍，碳足迹为负数，并可以在社区本地种植。漂浮
城市可以在陆上进行预制，然后通过牵引运送到最终的目的地，
从而降低建设成本，此外，由于海上空间的租赁成本较低，这
样就创造了一种人们在经济方面负担得起的生活模式。这些因
素意味着，经济适用住房可以迅速部署到有紧急需求的沿海特
大城市。首批漂浮城市是针对全球最脆弱的热带和亚热带地区
进行定制设计的。

75公顷
公共空间

公共区域收集

屋顶收集

可展开式水囊

除湿器

蓄水

大气水收集器

灰水处理设施

废水处理设施　可再生海水淡化设施

RECYCLING + RETURNS

FOOD WASTE

REUSABLES

LAUNDRY

收集系统

压缩空气/水下抽水蓄能

社区堆肥花园

藻类过滤

处理洼地

洗涤中心

厌氧消化池 *SCALED

户外农业

三维海洋农业

空气种植法

鱼菜共生

室内农业

压缩空气/水下抽水蓄能

太阳能电池板

风力涡轮机

热交换

波能转换器

飞轮储能

海流/潮汐发电机

藻类生物反应器

城市街区—300人 | 2公顷

相邻的街区—1650人 | 12.2公顷

城市—10 000人 | 75公顷

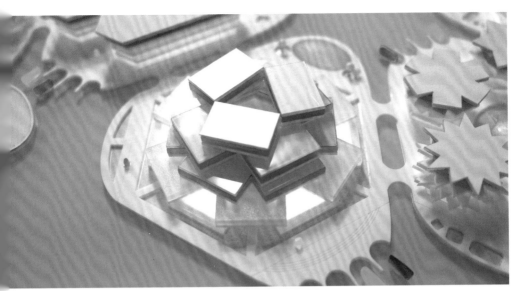

COLLECTIVE INTIMACY
集体亲密性

建筑正在失去其为社交互动提供场所的垄断地位。社交媒体和大型多人在线角色扮演游戏是与实体空间分离的新型公共舞台。建筑曾经是人们为举行纪念活动而聚集的地方。广场是公共演讲的场所，舞台是公共表演的场所。而现在，这些活动可能在任何网络空间发生。人类关系可能是当今建筑和人类面临的最大挑战。

　　建筑通过集体亲密性将空间与体验连接起来。它提供参与的空间，而不仅仅是消费的空间。它能以最小体量纯粹地存在，例如，一个反光的球体悬停在沙漠上空，白天是一个提供阴凉的场所，晚上则犹如一个海市蜃楼；一个建筑的下面是市场，上面是露天剧场；一堵由住宅构成的墙在中心形成了一个公共花园；还有每年大部分时间都能对居民开放的球场公园，将球类运动带回公园。一个可以促进集体亲密性的建筑，在居民和游客之间，在玩家和观众之间，在游戏和生活之间创造了联系纽带。被动的观看变成了积极的参与。竞技场变成了公共广场。在未来，我们不必在看和做之间做选择，也不必在现实生活和虚拟生活之间做选择，因为在无处不在的增强现实中，生活将使它们密不可分。

The Orb火人节装置

在美国，每年有7万多人会聚到这片内华达州的沙漠中，甚至在此形成一座临时城市（这一活动也被称作火人节），而这个充气金属球体增加了这里的社会引力，并为人们提供了阴凉。The Orb可以被看作以1：500 000比例制作的微缩版地球。这个行星状的雕塑是一个充气的球面镜，其构成材料与美国宇航局气象气球的材料相同，由一个32米长的倾斜钢桅杆、底座和锚碇基础支撑。按照火人节的本质精神，它的材料是特别设计的，十分易于充气和放气，并不会（给地球）留下任何痕迹。由于球体的弧度，它会映照出周围的空间和人，从一个全新的角度展示社会能量和交流——本质上是将公共生活变成公共艺术品，并且像具有引力一样将人吸引到它的周围。它成了地球爱好者的一面镜子，映射着逝去的白昼、进化的生命，以及其他艺术作品。对于科幻迷而言，它是一个新星球；对于旅行者而言，它是一个指路者；对于喜欢聚会的人而言，它是一个巨大的迪斯科球灯。白天，这个圆球将为人们提供阴凉之地，当太阳落山后，其下方的燃烧器和艺术车辆发出的光将反射到它的下部，使其可在夜间作为指路的灯塔，引导沙漠中的人们到达这里。

美国，内华达州
直径25.5米 | 文化
2018年

LAURIAN GHINITOIU

JAMEN PERCY

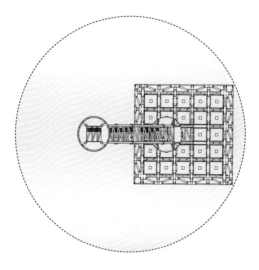

平面图

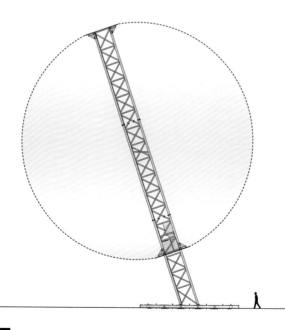

剖面图

0　2　4　　　　10m

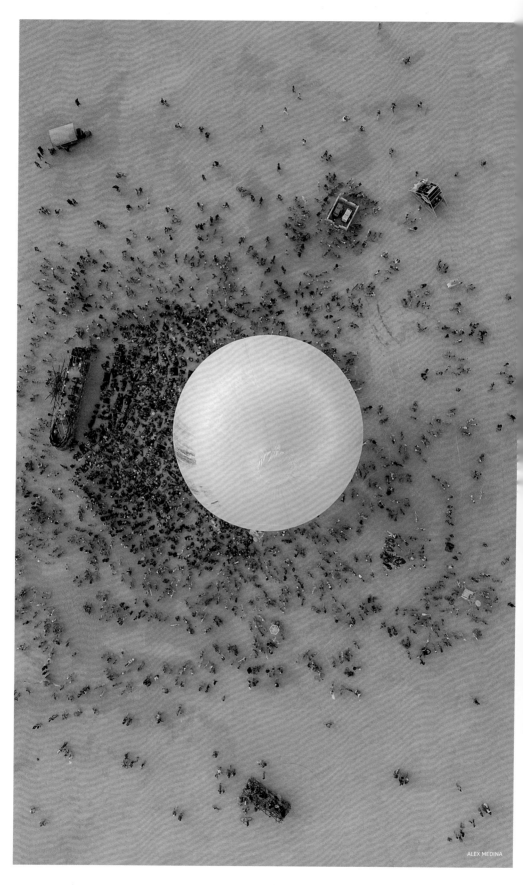

ALEX MEDINA

LAURIAN GHINITOIU

LAURIAN GHINITOIU

SHAWN ORTON

MA NING

79 & Park住宅

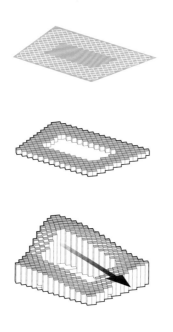

项目位于斯德哥尔摩 Gärdet 国家公园的边缘，是一个多孔结构的住宅。木制外罩面的体量由 3.6 米 ×3.6 米的模块单元围绕着一个开放的庭院构成。建筑的一角被提升到 35 米的高度，以最大限度地获取阳光以及可以欣赏 Gärdet 公园和自由港景色的视野。然后，这些模块单元逐级向下延伸，直至建筑的最低处，那里的高度只有 7 米。整座建筑看起来像一个和缓的山坡，与周围的森林无缝地融合在一起。曲折的外墙立面交替开放和封闭，以调节隐私、视野、热辐射和眩光。因此，建筑从某些角度看起来完全是用玻璃建造的，而从另一些角度看则完全是木制的。有机的组合模块和雪松木的覆层一直延续到绿色的庭院，那里有大小各异的"台地"，形成了小型的口袋公园，供居民及游客聚会和娱乐。所有的 169 个单元几乎都有各自独特的布局，吸引了各个年龄段和各行各业的多元化居民群体。所有住宅都有私人和共享的屋顶露台，露台上种植着丰富多样的植被。建筑周围、内部和顶部布置着很多壁凹和花园，它们提供了大量的聚会场所，也使整个建筑成为居住者的社交聚集地。

瑞典，斯德哥尔摩
25 000平方米｜住宅
2018年

LAURIAN GHINITOIU

3层平面图

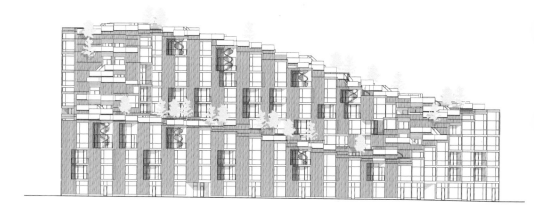

西立面图

5层平面图

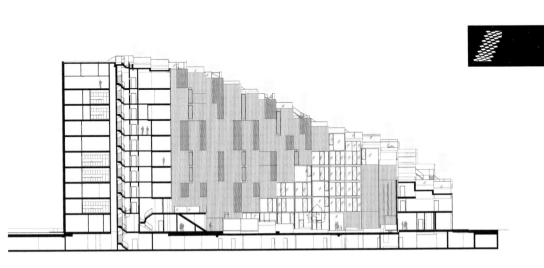

纵剖面图

0 1 2   5   10   15m

LAURIAN GHINITOIU

LAURIAN GHINITOIU

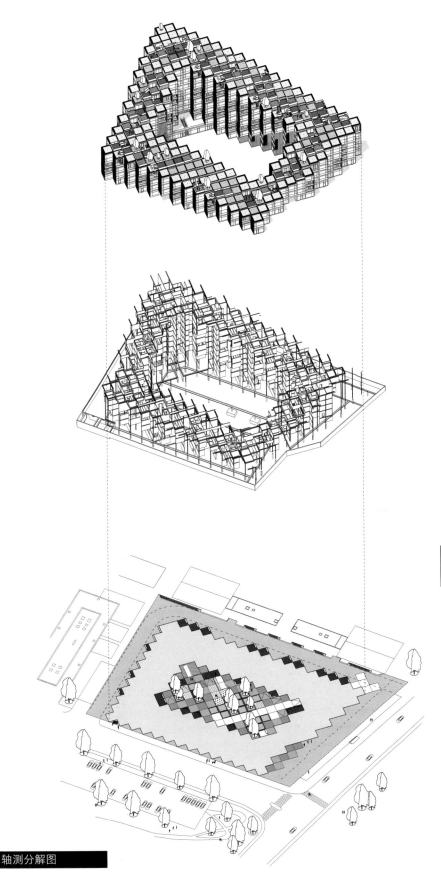

轴测分解图

LAURIAN GHINITOIU

LAURIAN GHINITOIU

LAURIAN GHINITOIU

515

迪拜世博会中心广场

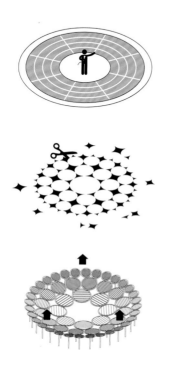

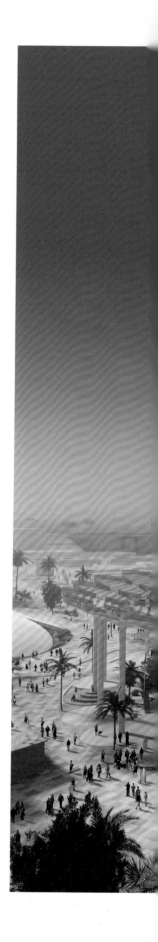

迪拜世博会中心广场（Dubai Expo Plaza）是 2020 年迪拜世界博览会的核心空间，欢迎来自不同国家、宗教信仰、语言和文化的人们会聚于此。广场空间是对露天市场的当代诠释——白天人们可以聚集在这个巨大的有遮盖的公共空间中。细长的蘑菇状结构群在顶部互相连接，形成了一个连续的遮棚。每个顶部的圆盘都向中心倾斜，整体向上以更大的圆周攀升，形成一个浅碟形屋顶，其边缘向上抬起，迎接八方来客。这些圆盘会集在一起，在建筑上方形成了一个夜间表演的舞台。中央舞台将建在一个液压平台上，这样它就可以像三维的帘幕一样从下面升起。人们可以通过下方广场的缝隙进入圆盘观看表演。迪拜世博会中心广场是世博会精神的终极象征，代表着多元性的统一：我们来自各方，我们团结如一。

迪拜，阿联酋
20 000平方米
文化

奥克兰运动家队棒球场

作为奥克兰仅存的一支运动队——运动家队的新基地，奥克兰运动家队棒球场（Oakland A's Ballpark）让这项运动回归了它的根基，成为社区的天然聚会场所。一条绿树成荫的高架长廊环绕在棒球场的四周。棒球场向下倾斜，与公共广场相接，场地朝向水面和城市的方向开放。周边公园连接了一系列供球迷在比赛日观看这项运动的社交空间，并通过一个全年开放的社区公园扩展了城市结构，使"公园"回归"棒球场"。棒球场被精心地放置在城市环境中，为 35 000 人创造了亲密接触棒球运动的体验。整体布局以尽量接近本垒板为原则。无论是比赛日还是非比赛日，该体育场都是一个集会场所，一个供人们参与公共生活的空间。公园、餐厅和工作空间，是这个棒球场综合建筑体的一部分。奥克兰运动家队棒球场将会自然地成为城市中这个新型社区的社交中心，而不是一个空荡荡的比赛场地。

美国，奥克兰
36 000平方米
文体

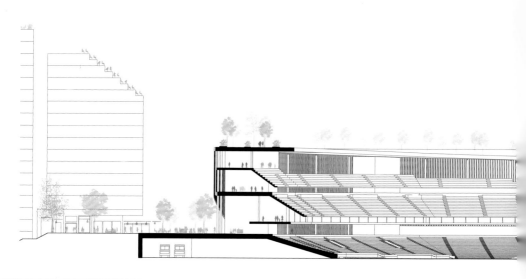

剖面图

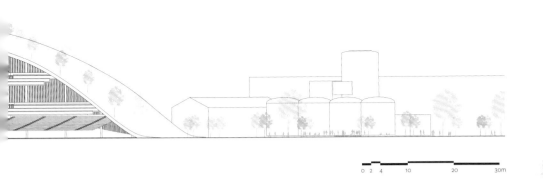

0 2 4   10   20   30m

MINDPOOL
思维池

人类通过交换思想和服务进行合作，这种能力可能是我们作为一个成功物种和在未来生存的秘诀。物理空间是人类互动的终极平台。我们的注意力越是因无处不在的数字和社交媒体而分散，人才、思想和技能的汇集对我们的社会福祉和创造性生产力就越重要。

创新的前沿需要人力资源的集中，这是一种"深度潜水"和"浅水冲浪"的矛盾结合。为了调整专注和交流之间的这种波动，我们必须找到方法，把人才聚集在一起，而不是让他们被淹没在人群中。在与谷歌的合作中，我们探索了如何使人们之间的信息摩擦最大化，以确保知识的火花在彼此之间飞扬和碰撞。一方面，要在一个连续的环境中汇集数千名人才；另一方面，要确保在你的日常圈子里人数是可控的。允许团队在不受限制的区域内自由扩张或收缩，同时抑制视觉干扰和听觉噪声。

旧的生产力模式关注效率、速度和重复，而创造性生产力则需要将拥有不同技能的人聚集在一处，学习新事物，尝试新活动。为了促进人们行动的开放性，我们必须将传统的办公室和走廊空间类型消解转化为新的工作空间，如飞机库和雨棚、平台和露台。未来，"池化"将超越工作环境，并包括所有形式的人际交往。将人、思想、空间、活动、植物、动物、材料、印象、感觉、知识、关怀、观点、表达、热爱和社区汇集在一起，就成为赋形的终极力量。建筑是容纳的艺术，它为社会结构提供了构建的形式，用石头和钢铁巩固了人与人之间的关系。但一旦建筑成为现实的存在，它就拥有分离或连接、阻碍或桥接的力量：是一个空旷的空间，还是一大群人……

Glasir教育中心

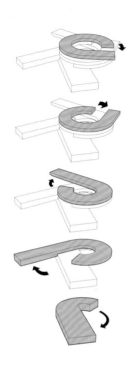

Glasir 教育中心的设计旨在将三所不同类型的学校融合成一个整体的学习环境，同时保留高中、商学院和技术学校各自的自主性和独特性。根据学生和教师的使用需求，Glasir 教育中心由五个独立的楼层围绕一个中央庭院堆叠而成：其中，三个楼层分别服务于三所学校，一个楼层用作餐厅和教职工办公区，还有一个楼层容纳健身和聚会空间。建筑的整体形态就像一个漩涡，每一层都向外充分打开并延展。由于场地的坡度较大，设在建筑中央的主入口需要通过一座桥廊进入。层层叠叠的阶梯式地形将多层建筑结合为一个整体。作为对自然景观的延伸和诠释，室内庭院中包含一系列退台式阶梯，为团体会议和社交活动提供了宽敞、灵活的空间，也为表演和讲演提供了观众座位。教室和庭院之间的内立面采用彩色玻璃，直观地标示出建筑内不同的功能空间。外部玻璃立面安装在锯齿形木瓦上，使笔直的单元面板最终构成柔和的圆形。随着时间的推移，屋顶上种植的青草将逐渐繁茂，教育中心也将消隐在法罗群岛的自然景观之中。

法罗群岛，托尔斯港
19 200平方米 | 教育
2018年

RASMUS HJORTSHØJ

531

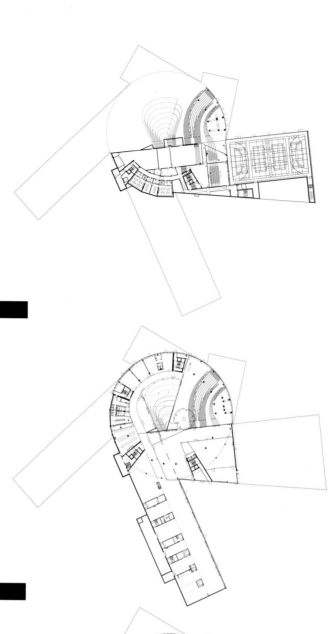

首层平面图

2层平面图

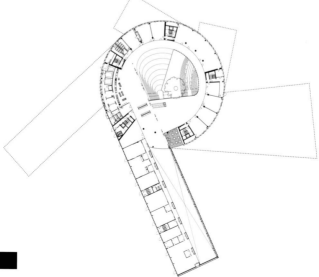

3层平面图

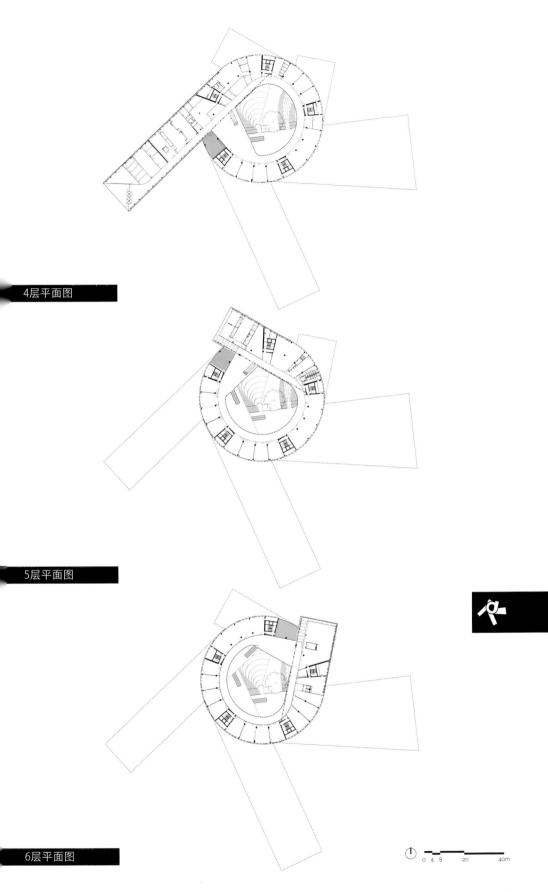

4层平面图

5层平面图

6层平面图

0 4 8　　20　　　40m

RASMUS HJORTSHØJ

RASMUS HJORTSHØJ

轴测分解图

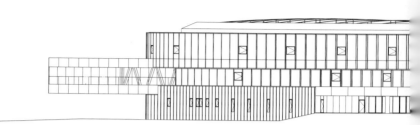

北立面图

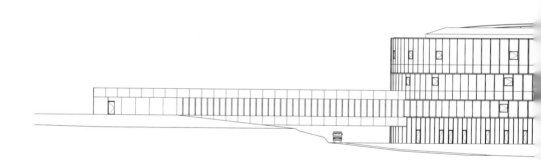

西南立面图

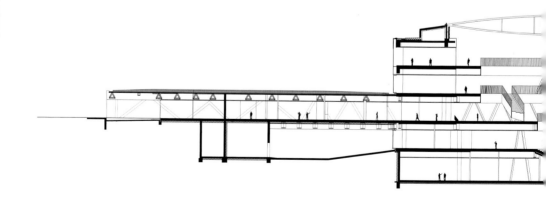

纵剖面图

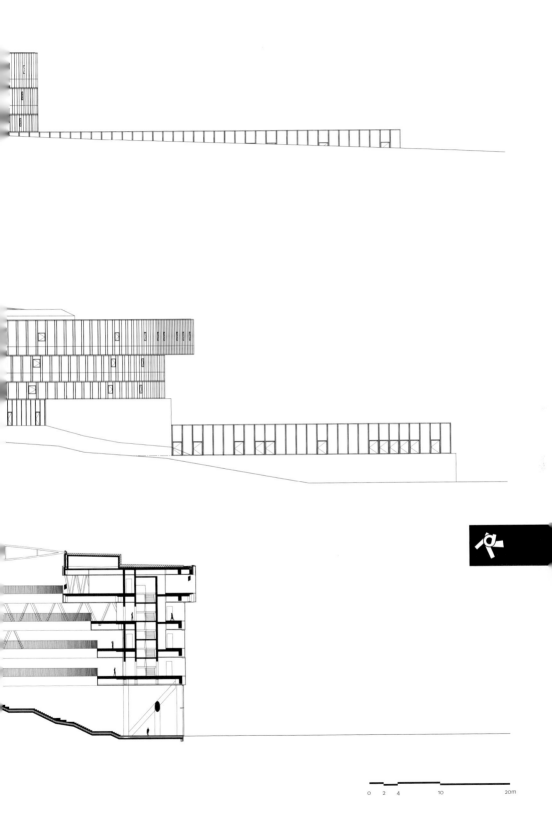

RASMUS HJORTSHØJ

RASMUS HJORTSHØJ

RASMUS HJORTSHØJ

RASMUS HJORTSHØJ

GONÇALO PACHECO

GONÇALO PACHECO

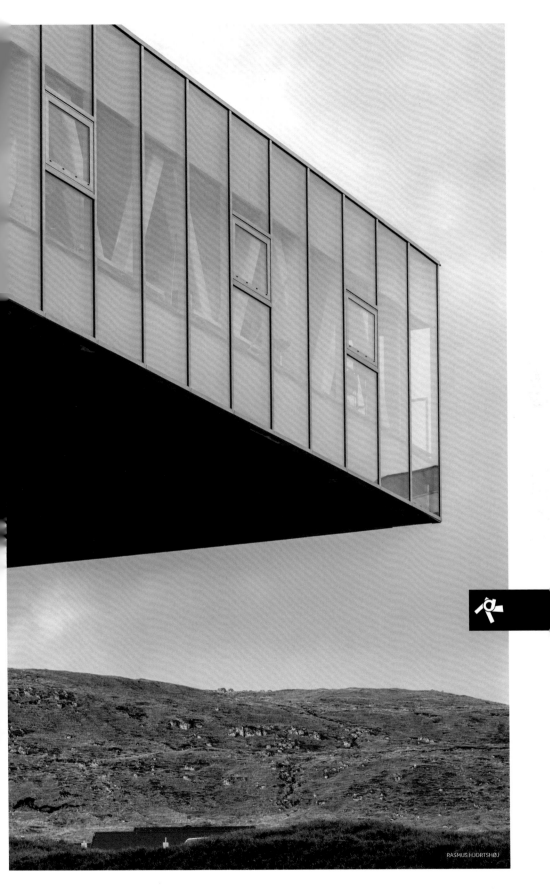

RASMUS HJORTSHØJ

RASMUS HJORTSHØJ

谷歌湾景+查尔斯顿园区

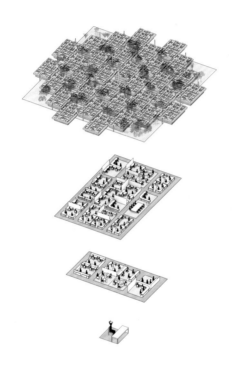

谷歌公司就像一只寄居蟹，一直游走于现成的办公大楼之间，而没有建造属于自己的办公大楼。该项目是谷歌第一个总部大楼，需要为他们已经拥有的组织结构提供一个物理框架：25 人的小组、100~150 人的"邻里"区域，以及 500 人的社区。在通常情况下，支持繁多功能的办公室会使重点区域混乱，并破坏同事之间的联系。我们将每个"邻里"区域组织成不同的平台，让同一个楼层的同事保持彼此间的联系，并在平台之间布置共享庭院和广场。整个项目被一个配备了光伏电池板的拉伸式雨棚所覆盖。光伏板的覆盖层延伸到建筑之外，为外墙遮阳，并为户外活动遮阴避雨。白天，天窗让巨大的开放空间充满阳光。每个平台和小组都有自己的近人尺度的家具和空间定义元素，这使得每个谷歌员工都可以随着时间的推移而自由地适应和改造空间。整个办公园区都可收集太阳能，处理暴雨和灰水，是北美地区最大的地热设施所在地。它更像一个飞机库而不是办公楼，谷歌未来的工作空间是用普通材料——钢管、光伏板和 CLT 板——通过一种非凡的方式建造的。

美国，加利福尼亚
56 000平方米｜商业
2020年

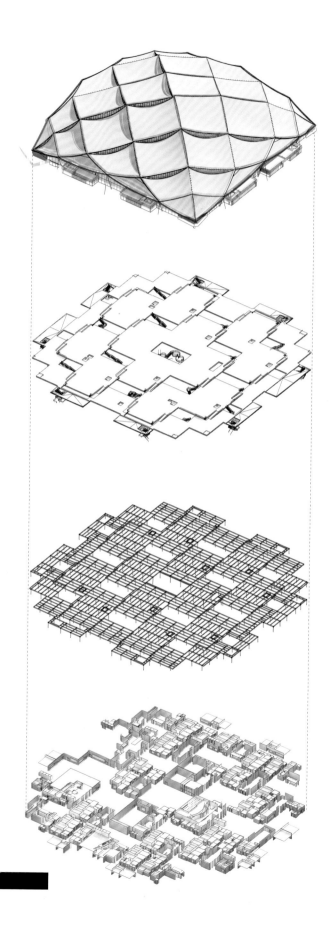

轴测分解图

CHRISTOPHER MCANNENY

553

谷歌加勒比园区

着与山景城和湾景城相同的原则，谷歌加勒比园区（Google Caribbean）试图以更低的成本达到同的设计目标。双子办公大楼横跨西海峡水道，错落有致地矗立在景观之中，形成了上升的锯齿屋顶花园。从海湾步道开始的步行道和自行车道沿着屋顶景观蜿蜒而上，谷歌员工可以步行或骑去上班。在这些花园的下面，阶梯式的楼板为谷歌员工创造了一个互相连接的空间，并在北侧形两层的通高空间，这里拥有充足的阳光，在这里可以看到旧金山湾的景色，感受自然的气息。四高的门廊点缀在南侧，将生机和活力赋予街道——创造了社区的新型社交街道。谷歌的山坡园区一颗新兴社区的种子，它将创新的工作场所、大自然和三维通道融合成一种新型的人造社会景观。

美国，加利福尼亚州，森尼韦尔
96 800平方米
商业

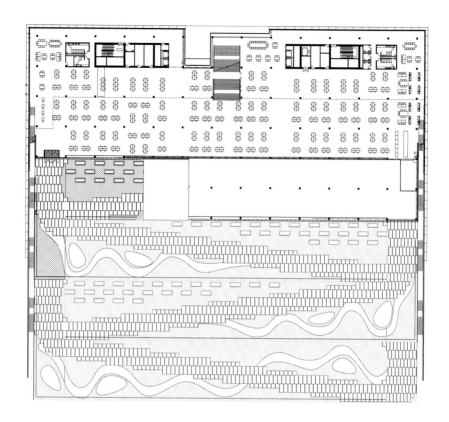

2层平面图

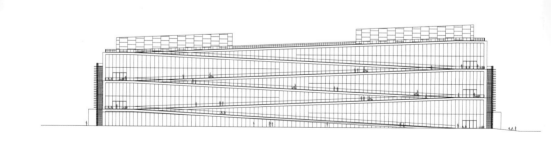

北立面图

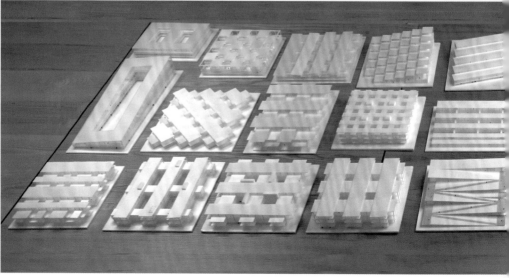

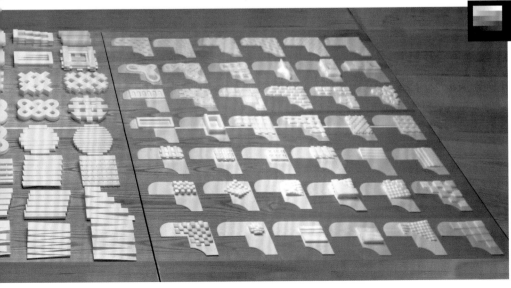

曼哈顿螺旋塔

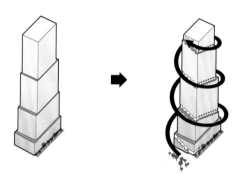

曼哈顿螺旋塔（The Spiral）将屹立于高线公园的北端，让线性的公园好像从大厦之中穿过一样。此外，大厦将打造一条上升的绿色空间带，将高线公园一直延伸至天际线。曼哈顿螺旋塔将过去现代主义风格的摩天大楼经典的金字塔形轮廓，与现代高层建筑的细长比例和高效布局相结合。大厦在设计上以租户为核心，确保了塔楼的每一层都对户外开放，创造了空中花园和层叠的中庭，将从一层到顶层的开放式楼板连接成一个连贯的工作空间。环绕大厦的一系列露台将租户的日常生活扩展到室外，让他们可以享受新鲜的空气和阳光。螺旋大厦为当代工作场所设定了一个新标准，在这里，自然成为工作环境的一个组成部分，而其空间特征可根据租户及其公司不断变化的需求而调整。

美国，纽约
265 000平方米｜商业
2023年

SQUINT OPERA

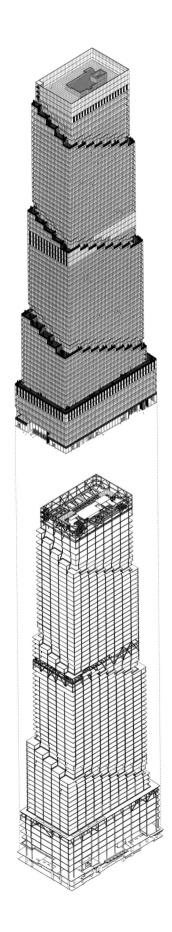

NEOSCAPE

NEOSCAPE

NEOSCAPE

BIG总部

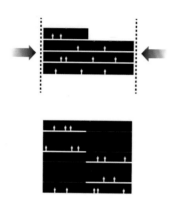

从建筑的角度看，新的 BIG 总部坐落于哥本哈根港的仓库和工厂遗址中。项目位于码头末端的一个小面积地块上，这也成了主要的设计难题：当我们的工作空间必须被分成至少四个楼层时，怎样才能规划出一个整体而连续的工作环境？我们做出了一个违反直觉的决定：将所有楼层一分为二，使楼层数量增加一倍。一系列的半层楼板重叠在一起，构成了一个错落有致、相互连接的层叠环境，在视觉和物理上将整个八层建筑整合为一个整体的空间。楼板搭建在相互堆叠的 20 米长的混凝土梁上，这使得外立面看起来像一个由实心梁和透明窗户交错组成的棋盘。每层楼都有直接通往阳台的通道，这些阳台上下相连，形成了一条连续的带状户外空间，从屋顶呈螺旋状延伸到码头，犹如一条山间小路。这个带状空间还可作为防火通道，将内部空间解放出来，不因传统核心筒而受到阻隔。一根石柱由八种不同的岩石组成，从底部的致密花岗岩直到顶部的多孔石灰岩，在开放空间中形成了一个象征重力的图腾柱。一条开放式楼梯将从地下室到顶层的各楼层连接起来。一进入主入口，BIG 的员工和客人就会发现自己置身于一个戏剧性的皮拉内西式（Piranesian）空间，在这里，建筑的内部生活通过对角线的视角展现出来，这种视角一直延伸到顶层。

丹麦，哥本哈根
4710平方米
办公

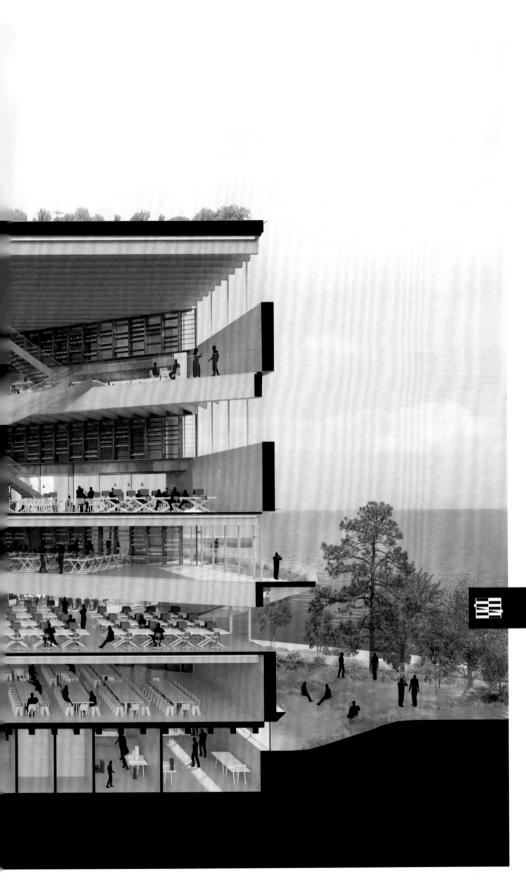

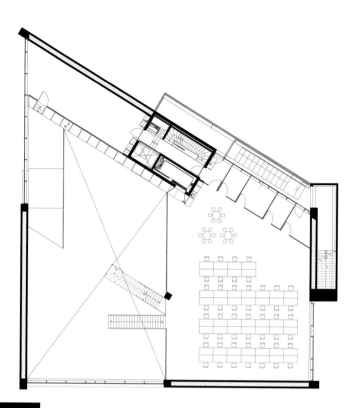

2层平面图

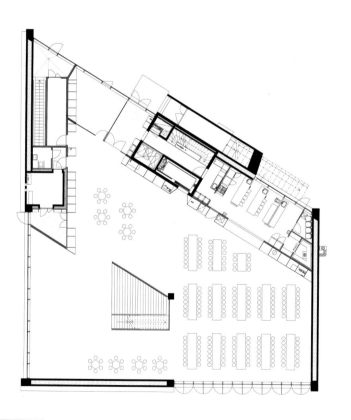

首层平面图

0   3   6   15m

574

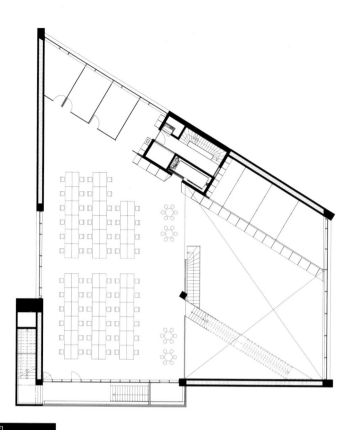

5层平面图

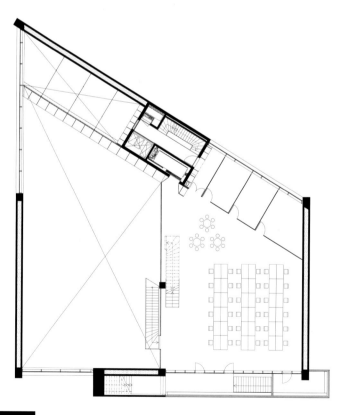

4层平面图

0   3   6   15m

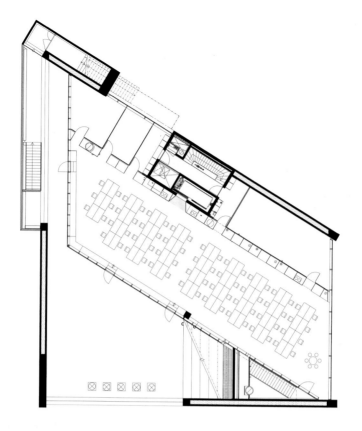

7层平面图

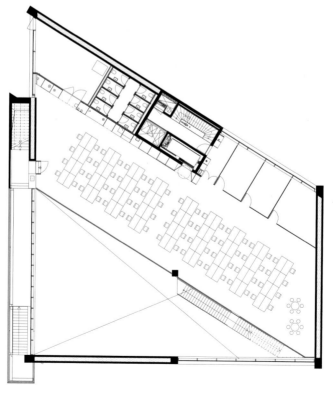

6层平面图

0 3 6 15m

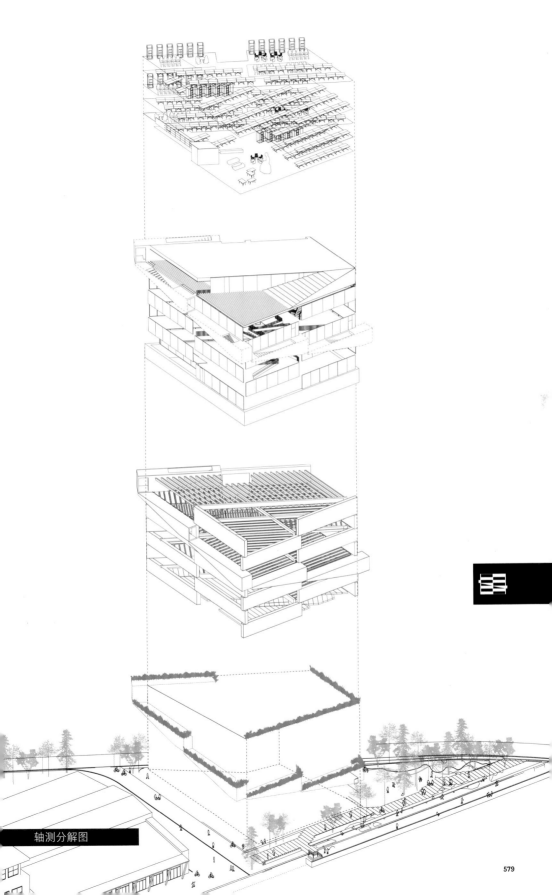

轴测分解图

巨大飞跃

叔本华（Schopenhauer）说："人才可以击中别人无法击中的目标，天才可以击中别人看不见的目标。"根据这一说法，在建筑、解剖学、天文学、空气动力学和艺术等多个领域，莱昂纳多·达芬奇（Leonardo da Vinci）无疑都是一位具有观察和击中目标能力的天才。他可能也是文艺复兴时期的最后一位"完人"——通晓并掌握所有艺术和科学的全才。

当今的世界日益复杂，变化速度不断加快，超出了任何个体的理解能力。对今天的建筑师来说，标准不再是黄金比例，而是联合国发布的 17 项可持续发展目标。现在，我们从一个简单的方程中就可以看到几乎有无限变量的多维成功标准。如果理解先于行动，那么单一的个体不可避免地会丧失能力，陷入瘫痪。由于可持续性本质上是一个事关复杂系统、循环设计和整体思维的问题，因此，没有一个人可以单独解决这一问题。建筑师必须与科学家、工程师、生物学家、政治家和企业家合作，将技能和观念、知识和感受结合起来，以应对我们所面临的复杂挑战。未来的塑造者不会由他们个人的天赋或单项技能所定义，而是由他们汇集多人才智去塑造未来形式的能力所决定。要想在今天发挥影响力，个人才智必须成为集体智慧，"我"必须成为"我们"。

在过去的 20 年里，BIG 不断成长，羽翼渐丰，从一个创始人到一个大家庭，再到 500 人的团队。对于我们的下一次转型，"逐步成长"必须变成一次"巨大飞跃"（BIG LEAP）。BIG LEAP 代表 BIG（Bjarke Ingels Group）的景观（Landscape）、工程（Engineering）、建筑（Architecture）和生产（Production）。丰富的内部专业视角可以让我们看到别人看不到的东西——我们中也没有人能够单独看到。我们的个人天赋凝聚成我们的集体创造才智。我们每个人的一小步铸就了我们所有人的一大步。

在"巨大飞跃"的整体概念之下，我们或许有机会应对关于制造、感知、维持、思维、修复和移动的未来挑战。随着我们所面临的挑战的规模和复杂性不断升级，我们发现自己不得不在多个知识领域的融合中前行，这些领域包括人工智能、增强现实、城市新陈代谢、延长寿命、机器人增强和星际迁移。由于我们的存在和对地球的影响所产生的副作用逐渐升级，如气候变化、海平面上升、堪比一个国家面积大小的塑料"斑块"等，我们的责任范围必须随之扩大。作为建筑师，我们可以在建筑、社区、城市、地区和国家的规模上运用整体建筑思维。不可避免的是，我们的思维能够而且必须上升到星球的规模。下列这三个项目构成了我们在星球尺度上应用赋形力量的开端：

1. 在月球上建立一个永久的空间站；

2. 在火星上建立一个可持续发展的城市；

3. 对我们的地球做出整个星球层面的总体规划。

a Gulyamdzhis, Adam Robert Poole, Adam Tomasz Busko, Adrianna Karnaszewska, Agla Egilsdottir, Agne Rapkeviciute, Agnieszka ardzińska, Agnieszka Magdalena Trzcińska, Agustin Perez-Torres, Aikaterini Apostolopoulou, Aileen Koh, Aina Medina Gironés, Ákos Márk orváth, Alana Goldweit, Alberto Mennegazzo, Albina Saifulina, Alda Sol Hauksdóttir, Alejandra Cortes, Alessandro Zanini, Alex Bogdan tivoi, Alexander Højer Bøegh, Alexander Matthias Jacobson, Alexandra Gezelle, Alexandru Malaescu, Alice Nielsen, Allen Dennis Shakir, lison Wicks, Alvaro Velosa, Amanda Lima Soares Da Cunha, Amir Mikhaeil, Ana-Maria Vindfeldt, Anders Kofod, Anders Holden Deleuran, nders Bruntse, Andre Enrico Cassettari Zanola, Andrea Zalewski, Andrea Angelo Suardi, Andrea Megan Hektor, Andreas Bak, Andreas uettner, Andreas Klok Pedersen, Andreea Gulerez, Andres Romero Pompa, Andrew Lasbrey, Andrew Peter Young, Andrew Robert Coward, ngel Barreno Gutiérrez, Anja Sønderby Nørgård, Anna Lockwood, Anna Maria Pazurek, Anna Natalia Krzyzanowska, Anne Brown Frandsen, nne Katrine Sandstrøm, Anne-Charlotte Wiklander, Anne-Sophie Kernwein, Annette Birthe Jensen, Anushka Pramod Karnawat, Aran oakley, Ariana Szmedra, Ariana Ribas, Ariel Diaz, Ariela Osuna, Artemis Antonopoulou, Athena Morella, August Queitsch Frimann, Autumn sconti, Barbora Hrmova, Bartosz Kobylakiewicz, Beat Schenk, Beatrice Melli, Beatrise Steina, Benjamin Caldwell, Bernardo Schuhmacher, ich Tran Le, Biqin Li, Bjarke Koch-Ørvad, Bjarke Bundgaard Ingels, Blake Smith, Borko Nikolic, Brandon Cappellar, Brian Lee Bo Ying, Brian ang, Bryan Hardin, Buster Christensen, Cæcilie Lærke Hansen, Callum Nolan, Camilla Handrup Miehs, Camille Inès Sophie Breuil, Camilo eonardo Sandoval Acosta, Carl Pettersson, Carl Macdonald, Carlos Ramos Tenorio, Carlos Castillo Simanca, Carmen Salas Ruiz, Carmen hilippine Wientjes, Casey Tucker, Casey Crown, Catherine Po-Ching Huang, Catherine Stéphanie Boramy Lun, Cathleen Clarke, Cecilie Søs randt-Olsen, Celeste Ulrikka Maffia Trolle, Chao-Yang Jason Wu, Charlotte Kjærgreen Silsbury, Cheng-Huang Lin, Chi Yee Corliss Ng, Chi n Stephen Kwok, Chia-Yu Liu, Ching Man Boni Yuen, Choong-Il Joseph Kim, Christian Salkeld, Christian Cueva, Christopher Tron, Christo- her William Falla, Claire Irene Thomas, Claudia Micula, Claudia Bertolotti, Cristian Teodor Fratila, Cristina Medina-Gonzalez, Cristina iménez, Dagmara Anna Obmalko, Dalma Ujvari, Daniel Sundlin, Daniel Ferrara Bilesky, Danna Lei, Danyu Zeng, Davi Weber, David Iseri, avid Holbrook, David Carlinfanti Zahle, Deborah Campbell, Derek John Lange, Dimitrie Grigorescu, Dominic Black, Dominik Mroziński, ominyka Voelkle, Dong-Joo Kim, Dora Jiabao Lin, Douglas Breuer, Duncan Horswill, Dylan Hames, Eddie Chiu Fai Can, Eduardo Javier Sosa revino, Elisabetta Costa, Elizabeth Mcdonald, Ella Coco Murphy, Elnaz Rafati, Emmett Walker, Enea Michelesio, Eric Wen Tung Li, Erik reider, Eskild Schack Pedersen, Eszter Oláh, Eva Seo-Andersen, Ewa Zapiec, Ewa Bryzek, Ewelina Purta, Everett Hollander, Fabian Lorenz, aye Nelso, Federica Fogazzi, Fernando Longhi Pereira da Silva, Filip Kubiny, Filip Jacek Rozkowski, Finn Nørkjær, Florencia Kratsman, rancesca Portesine, Francisco Alberto Castellanos Martinez, Francois Ducatez, Frederik Lyng, Frederik Skou Jensen, Frederik Wolfgang athiasen, Freja Jerne Fagerberg, Friso Van Dijk, Gabriel Jewell-Vitale, Gabrielle Nadeau, Gary Polk, Gaurav Janey, Gayathri Achuthankutty, eetika Bhutani, Geoffrey Eberle, George Edward Entwistle, Gerard William O'Connell, Gerhard Pfeiler, Giovanni Simioni, Gitte Lis Chris- ensen, Giulia Frittoli, Gonzalo Auger Portillo, Gonzalo Ivan Castro Vecchiola, Gregory Pray, Gualtiero Mario Rulli, Guillaume Evain, Gulnar ubatov, Gustav Krarup, Gustav Albert Perez Nordahl, Gül Ertekin, Hanna Ida Johansson, Hannah Buckley, Hanne Halvorsen, Haochen Yu, arry George Andrews, Hector Romero, Heidi Pedersen, Heidi Lykke Sørensen, Helen Shuyang Chen, Helle Holst Eriksen, Henriette Hel- trup, Henrik Jacobsen, Hsiao Rou Huang, Hung-Kai Liao, Hyojin Lee, Høgni Laksafoss, Ioannis Gkasialis, Ioannis Gio, Ipek Akin, Irie Annik Meree, Isabel Narea, Isabel Maria de Carvalho Alves da Silva, Isabella Marcotulli, Isela Liu, Ivana Moravová, Jacek Baczkowski, Jacob arasik, Jagoda Helena Lintowska, Jakob Sand, Jakob Henke, Jakob Laustrup Lange, Jakub Fratczak, Jakub Kulisa, Jakub Mateusz Nlodarczyk, James Hartman, Jamie Maslyn Larson, Jan Magasanik, Jan Leenknegt, Jane Ehrbar, Janie Louise Green, Janina-Ioana Spilcea, Jean Valentiner Strandholt, Jean-Sébastien Pagnon, Jeffrey Andrew Bourke, Jelena Vucic, Jenna Dezinski, Jennifer Ng, Jennifer Kean Proudfoot, Jennifer Yong, Jennifer Amanda Zitner, Jens Majdal Kaarsholm, Jeppe Langer, Jeppe Zhang Andersson, Jeremy Siegel, Jeremy Zitner, Jesper Kanstrup Petersen, Jesper Bo Jensen, Jesper Boye Andersen, Jesse Castillo, Jessica Wells, Jesslyn Guntur, Jialin Yuan, Jin Seung Lee, Jinho Lee, Ji-Young Yoon, Joanna Targowicz, Joanne Chen, João Albuquerque, Johanna Linnea Jakobsson, Jonathan Udemezue, Jonathan Otis Navntoft Russell, Joos Jerne, Jordan Doane, Jordan Felber, Jose Lacruz Vela, Joseph Kuhn, Joseph Baisch, Joshua Woo, Joshua McLaughlin, Josiah Poland, Juhye Kim, Julia Novaes Tabet, Julian Ocampo Salazar, Julie Kaufman, Julie Ma, Juras Lasovsky, Kai- Uwe Bergmann, Kalliopi Caroline Bouros, Kam Chi Cheng, Kamila Abbiazova, Kamilla Heskje, Kaoan Hengles De Lima, Karim Muallem, Karolina Lepa-Stewart, Karoline Tolsøe, Kathleen Cella, Kathryn Lauren Chow, Katrine Juul, Kayeon Lee, Kekoa Jean Charlot, Kelly Neill, Ken Chongsuwat, Kevin Cui, Kevin Hai Pham, Kilmo Kang, Klaudia Szczepanowska, Kongphob Amornpatarasin, Kristian Hindsberg, Kristian Mousten, Kristian Ulrik Palsmar, Ksenia Zhitomirskaya, Laj Karsten Rasmussen, Lars Thonke, Lasse Ryberg Hansen, Laura Wätte, Laura Kovacevic, Laura Alberte Liebst Abildgaard, Lauren Michelle Connell, Laurène Marie Alice Lucy, Laurent De Carniere, Lawrence-Olivier Mahadoo, Leon Rost, Liliana Sabeth Cruz-Grimm, Liliane Wenner, Linda Dannesboe Sjøqvist, Lingyi Xu, Linqi Dong, Linus Saavedra, Lisa Nguyen, Lisbet Fritze Christensen, Lisha Wan, Lone Fenger Albrechtsen, Lorenz Krisai, Lorenzo Boddi, Lorenzo Maccacaro, Louise Baagøe Petersen, Louise Natalie Mould, Luca Pileri, Luca Senise, Luca Nicoletti, Luca Braccini, Lucas Coelho Netto, Lucas Stanley Carriere, Lucia Sanchez Ramirez, Lucian Tofan, Luciana Bondio, Ludmila Majernikova, Lukas Molter, Mackenzie Keith, Mads Bjarrum, Mads Engaard Stidsen, Mads Primdahl Rokkjær, Mads Hvidberg, Mads Christian Klestrup Pedersen, Mads Mathias Pedersen, Magdalena Mróz, Magni Waltersson, Maki Matsubayashi, Malgorzata Zielonka, Malka Logo, Mantas Povilaika, Marah Wagner, Marcos Anton Banon, Marcus Wilford, Margaret Tyrpa, Maria Acosta, Maria Sole Bravo, Maria Skotte, Maria Natalia Lenardon, Mariana De Soares E Barbieri Cardoso, Marie Lancon, Marie Hedegaard Jensen, Marina Cogliani, Marius Tromholt-Richter, Marjan Mostavi, Martha Kennedy, Martin Voelkle, Martin Sull, Martyna Kloda, Masa Tatalovic, Matea Maďaroš, Mateo Fernandez, Mathis Paul Gebauer, Matilde Tavanti, Matteo Dragone, Matteo Pavanello, Matteo Baggiarini, Matthew Oravec, Matthew Thomson, Mattia Di Carlo, Mauro Saenz de Cabezon Aguado, Maxwell Moriyama, May Dieckmann, Megan Van Artsdalen, Melissa Jones, Melissa Murphy, Melissa Andres, Melody Hwang, Mengyuan Li, Merve Kavas, Mette Brinch Lyster, Mher Tarakjian, Michael Leef, Michael James Kepke, Michael Rene Hansen, Michael Stephen Howard, Michela Cardia, Michelle Strom- sta, Mike Yue Yin, Mikkel M. R. Stubgaard, Mikki Seidenschnur, Milan Holm Moldenhawer, Miles Treacy, Ming Ken Cheong, Min- jung Ku, Minyu Li, Mo Li, Monika Dauksaite, Morgan Day, My Duy Bui, Nana Lysbo Svendsen, Nandi Lu, Nanna Gyldholm Møller, Napatr Pornvisawaraksakul, Naphit Puangchan, Nasiq Khan, Natchaluck Radomsittipat, Nawapan Suntorachai, Neha Sadruddin, Nereida Trujillo, Neringa Jurkonyte, Nicholas Reddon, Nick Beissengroll, Nicolas Michael Kastbjerg, Nicolas Vincent Robert Carlier, Nicole Salden Venøbo, Nikolaos Romanos Tsokas, Ningnan Ye, Nojan Adami, Norbert Nadudvari, Nynne Brynjolf Madsen, Ole Elkjær-Larsen, Oliver Siekierka, Oliver Thomas, Oliver Nybakk, Ombretta Colangelo, Otilia Pupezeanu, Paige Greco, Palita Tungjaroen, Parinaz Kadk- hodayi-Kholghi, Patrick Nyangkori, Patrick Hyland, Paul Clemens Bart, Paula Madrid, Paula Domka, Paula Gonzalez, Paula Joanna Tkaczyk, Paulina Panus, Pauline Lavie, Pawel Marjanski, Per Bo Madsen, Pernille Patrunch, Pernille Kinch Andersen, Peter Sepassi, Peter Badger, PeterMortensen, Peter David, Petros Palatsidis, Phillip Macdougall, Phillipa Seagrave, Pia Møller-Holst, Pin Wang, Polina Galantseva, Ruhiya Veerasunthorn, Raphael Ciriani, Rasam Aminzadeh, Richard Elbert, Richard Garth Howis, Richard Steven Keys, Rihards Dzelme, Rita Sio, Robert Grimm, Robert Ryan Harvey, Roberto Fabbri, Ross James O'Connell, Rron Bexheti, Ruhiya Melikova, Ruo Wang, Ruth Maria Otero Garcia, Ryan Duval, Ryan Hong, Ryohei Koike, Samuel Michael Collins, Sanam Salek, Sang Ha Jung, Santa Krieva, Sara Najar Sualdea, Sarah Leth Dalley, Sarah Green-Lieber, Sarah Asli, Sarkis Sarkisyan, Sascha Leth Rasmussen, Sau Wai Stephanie Hui, Sean Franklin, Sean Shamloo Rezaie, Sean O'Brien, Sebastian Claussnitzer, Seda Yildiz, Seo Young Shin, Seongil Choo, Seonhwan Kim, Sera Eravci, Sergiu Calacean, Seunghan Yeum, Shane Dalke, Sheela Maini Søgaard Christiansen, Shu Zhao, Sijia Zhou, Sijia Zhong, Sille Foltinger, Simon Scheller, Simone Grau, Siqi Zhang, Siva Sepehry Nejad, Snorre Emanuel Nash Jørgensen, Sofia Fors Adolfsson, Sofya Borlykova, Sophie Lee Peterson, Sorcha Burke, Soren Grunert, Stanisław Daniel Rudzki, Steen Kortbæk Svendsen, Stefan Plugaru, Stephanie Mauer, Stine Sandstrøm Christensen, Sue Biolsi, Sung Ho Choi, Susie Kang, Søren Martinussen, Søren Aagaard, Søren Dam Mortensen, Tal Mor, Taliya Nurutdinova, Tamilla Mah- mudova, Tara Abedinitafreshi, Taylor Hewett, Terrence Chew, Théo Hamy, Thomas Christoffersen, Thomas Smith, Thomas McMurtrie, Thomas Calvert, Thomas Hoff Schmidt, Thor Larsen-Lechuga, Tillmann Marc Pospischil, Timo Harboe Nielsen, Tine Kaspersen, Tobias Hjortdal, Tomas Rosello Barros, Tomas Karl Ramstrand, Tommy Bjørnstrup, Tony-Saba Shiber, Tore Banke, Tracey Coffin, Tracy Sodder, Trine Emilie Sørensen, Tristan Robert Harvey, Troels Soerensen, Tyler John Koraleski, Tyrone James Cobcroft, Ulla Hornsyld, Valentino Gareri, Wei Lesley Yang, Veronica Watson, Veronica Varela, Weronika Siwak, Wesley Thompson, Victor Mads Moegreen, Viktoria Millentrup, Wilbur Franklin Sharpe III, William Jackson, William Herb, William Henry Campion, Vincent Katienin Konate, Vinish Sethi, Vladislav Saprunenko, Won Ryu, Xavier Delanoue, Xi Zhang, Xingyue Huang, Xuechen Kang, Yara Rahme, Yasmin Bianca Kobori Belck, Yen-Jung Alex Wu, Yeong JoonKo, Yi Lun Yang, Yiling Emily Chen, Ying Yi Cai, Youngjin Yoon, Yu Inamoto, Yuanxun Xu, Yue Hu, Yuejia Ying, Yueying Wan, Yushan Huang, Ziad Shehab, Zirui Pang, Ziyu Guo, Zuzanna Hanna Sliwinska.

由于月球重力小，许多人认为它是一个很好的前哨基地，有助于人类更深入地探索太阳系。科学家在月球表土中发现了水，这增加了在月球上生产粮食和制造燃料的潜力。地下熔岩管道的发现则为前哨基地的设想提供了充足的保护依据，因为它可以防止辐射和小行星撞击，并增强了热稳定性。此外，月球距离地球很近，往返时间很短（48小时），通信延迟很小（2.5秒），便于近距离联络和远程操作。

新希望之城是一个关于建造长期人类前哨基地的愿景，它将立足于探索地球和太空定向卫星的商业活动、科学活动、量子计算、采矿和旅游。月球表面的物理现象，包括极低的重力和长达一个月的绕地球运行周期，为我们提供了一个机会，可以重新设想我们在月球上工作、娱乐、生活、成长的方式。这将是一个新的太空前沿领域，让我们可以一改过去的传统看法，重写太空探索领域的面貌和感受。

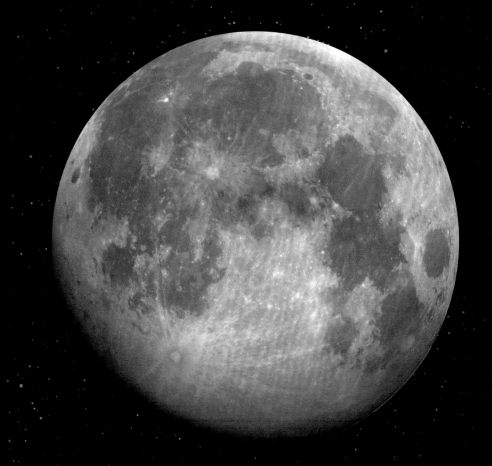

数据

重力	0.166 g
气压	3×10^{-15} 标准大气压
日长	29 天 12 小时 44 分钟
年长	354 天 8 小时 48 分钟
表面温度	−173~116℃
磁场	✖ 地球的 1%
辐射	✖ 380 毫希弗 / 年
表面风力	无大气层
光密度	100%
金属	✔
碳	✔ 来自太阳风的微量元素
水	✔ 储藏在极地和土壤中
地热	✖
从地球出发的旅行时间	48 小时

月球的重力只有地球的1/6。

0.166 g

3,474 km

尺寸 ｜ 重力

气压：3×10⁻¹⁵atm

大气压

月球的磁场比地球的磁场弱得多，没有两极就意味着没有活跃的地幔。月球上几乎没有大气层，这为天文学研究提供了理想的环境。

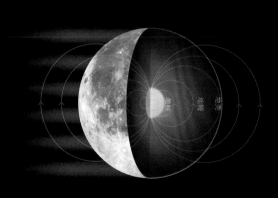

磁场

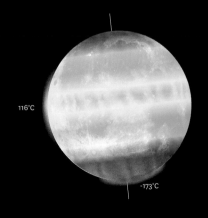

116°C

-173°C

表面温度

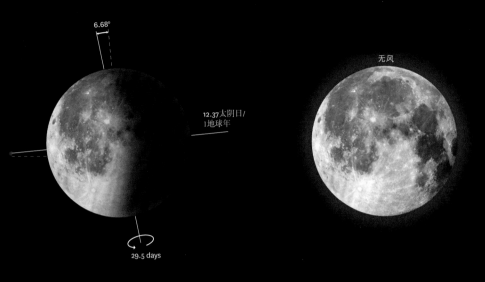

6.68°

12.37太阴日/
1地球年

29.5 days

轴向倾斜 ｜ 天/年

无风

低海拔和高海拔的风速

月球上的大气压几乎为零，是天文学研究的理想环境。

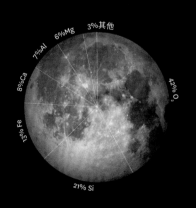

3%其他
6%Mg
7%Al
8%Ca
13%Fe
21% Si
42%O₂

表面物质构成

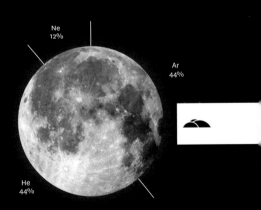

Ne
12%

Ar
44%

He
44%

大气构成

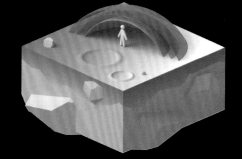

保护

人类在月球上生存所需的保护几乎和在外太空生存一样——或者可以说因为月球的尘埃,会需要更多保护。防止受**压力、温度、辐射和陨石影响的保护层**是人类生存所必需的。

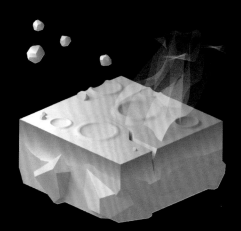

气候

月球表面会发生陨石撞击、太阳风暴、温度波动和月震。**每年大约有180颗陨石撞击月球**。当太阳风暴发生时,如果没有适当的庇护,会有致命的后果。在月运周期的大部分时间里,月球表面温度都太低或太高,人类无法生存。**月震低于地球的5.5级里氏震级,但持续时间很长**(可能达到1小时)。

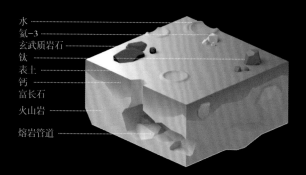

水
氦-3
玄武质岩石
钛
表土
钙
富长石
火山岩
熔岩管道

资源

月球表土非常细腻且具有研磨性,这是由于其与流星长期撞击的历史而造成的。在两极永久阴暗的陨石坑中,**可以找到冻结状态的水**,在月球表面的大部分区域,水的含量很低。**丰富的氦-3可用于核聚变和裂变反应堆**。此外,熔岩管道也被认为是一种宝贵的资源,因为它们可以防御辐射、极端的温度波动和陨石撞击。

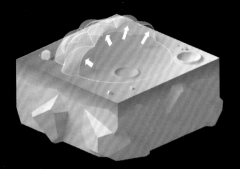

压力

大气压相当于**地球海平面以上10 000千米**高处的气压。由于表面气压非常低，当内部引入人体可承受的最低气压为0.5个标准大气压时，会产生非常大的力量。这种力量远高于重力，会把建筑的形状推成一个球形。由于压力稳定，**充气结构具有覆盖跨度大和无柱的优点**。

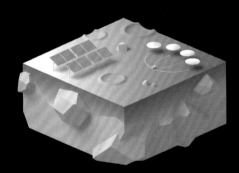

能源产生

极其稀薄的大气层意味着太阳能电池板比在地球上具有更高的获取电能的效率。此外，氦-3和钍核聚变可用于反应堆和火箭燃料。

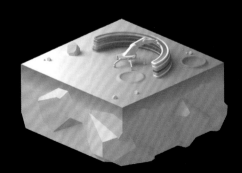

3D打印

由于建立新基地的人数量有限，**机器人可以承担大部分的体力工作**。我们还可以开采和加工当地资源，以创造出可用于打印的材料，从而建造适合居住的增压空间。

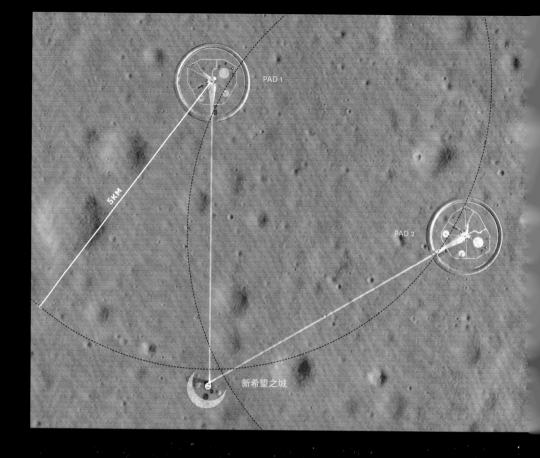

月表基础设施（能源生产、通信卫星、自动化工业空间）主要用就地资源制造，为维持下方熔岩管道内的长期居住提供了必要的支持。

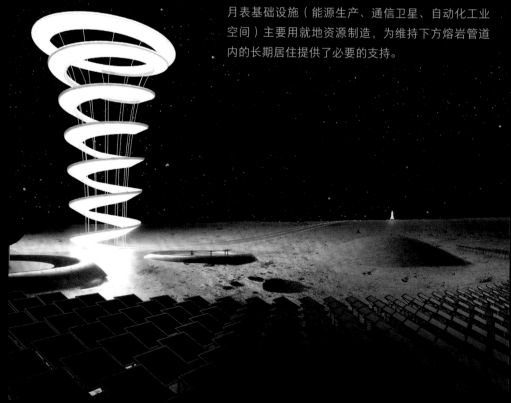

由于几乎没有大气层，月球是天文学研究的理想环境。

熔岩管道开口处的螺旋状结构是通往月球表面的**主要通路**，也是将自然阳光导入洞穴的反射装置。

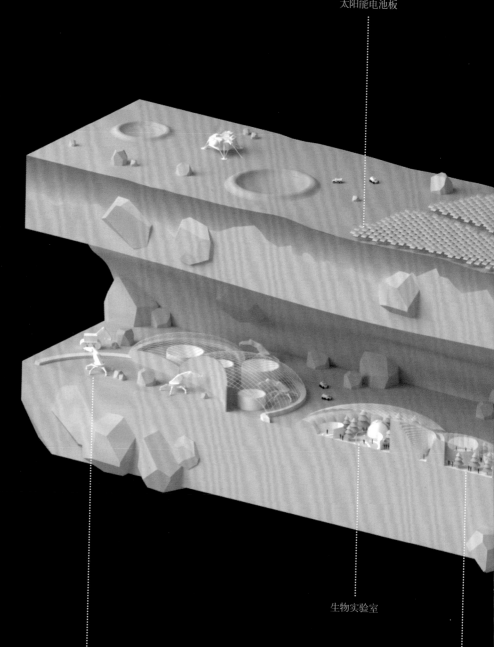

太阳能电池板

生物实验室

在建的圆顶

工业空间

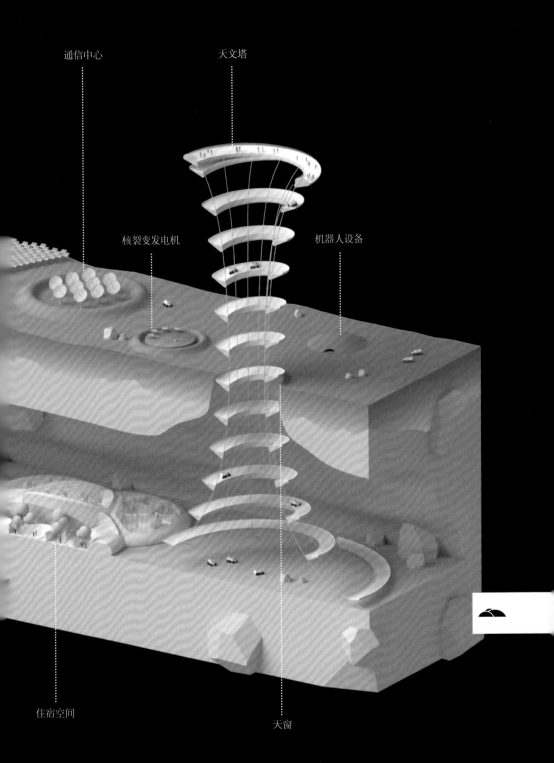

通信中心

天文塔

核裂变发电机

机器人设备

住宿空间

天窗

首层平面图

0　5　10　　20　　40m

对生活在国际空间站的宇航员来说，
共同进餐是最特别的时刻之一。

考虑到月球上为期两周的日光周
期，居住区可模拟昼夜变化的节律
周期。

与地球相比，由于月球重力较低，人们可以跳到3米左右的高度！

该中心提供支持太空运动、音乐和艺术的设施，以维持居民，特别是执行长期任务的工作人员的心理健康。

现代垂直农业每平方米的产量是传统农业的**70倍**。相较于传统农业，气培技术节省了95%的水。与第一代垂直农业相比，使用新型LED照明可以降低能源成本。

使用月球表土的3D打印结构为人们提供工作和协作的功能空间。

中央绿洲不仅为创新中心提供了大部分粮食，还为居民创造了一个**自然的休憩之所**。

MARS

火 星

科学城

火星是我们的近邻，距离太阳只比地球远一些。由于其表面覆盖着氧化铁沙尘，它常被称为红色星球。令人惊讶的是，在黄昏时分，稀薄大气中的细颗粒尘埃会使火星的日落变成蓝色。

由于它的自转周期和相对于黄道面的轴倾角，其季节和昼夜周期与地球极为相似。它是太阳系已知最高的山——奥林匹斯山的所在地，奥林匹斯山比珠穆朗玛峰高3倍。它也是水手谷的所在地，那是太阳系已知最大的峡谷之一。火星有两个小卫星：火卫一（Phobos）和火卫二（Deimos）。Phobos和Deimos在希腊神话中是分别代表恐惧和恐怖的神。

火星是一颗类地行星，有稀薄的大气层，有像月球一样的陨石坑，也有像地球一样的山谷、沙漠和极地冰盖。自20世纪60年代以来，人类经常探测火星。我们在空中看到过火星极地冰的形成和融化、火山口、冻结的熔岩流、干涸的群岛、滑坡、尘暴、山脉和早晨的霜冻。我们的探测车成功登陆火星，已经留下了轮胎痕迹和垃圾。

火星科学城是在火星上建设可持续城市的原型试验场。我们的目标是通过使用与月球上相同的技术，如机器人建造、挖掘、3D打印和充气膜，在地球上建立一个园区，用于举办教育和工程、科学和农业方面，以及与星际探索和定居有关的会议和展览。在那里的工作和生活将使我们获得气候控制、安全、建筑质量和人造生态系统恢复力方面的经验，这些在我们最终登上火星时将是非常宝贵的经验。园区由学术、商业和展览三部分功能组成，将充当火星在地球上的大使馆——人类在邻居星球上的第一个立足点。

数据

重力	0.39 g
气压	0.006 标准大气压
日长	24小时40分钟
年长	687个地球日
表面温度	−140~30℃
磁场	✖ 很弱
辐射	✔ 110毫希弗/年
表面风力	0~90千米/小时
光密度	43%
金属	✔
碳	✔
水	✔ 永冰和地下湖
地热	✔
从地球出发的旅行时间	6个月

0 AU   1   2

水星   金星   地球   火星   小行星带

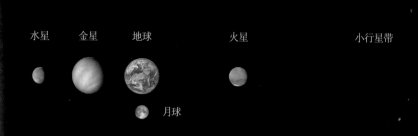

月球

3个月

5个月   5个月

当地球和火星距离最近时，只需要**3个月**就能到达那里。

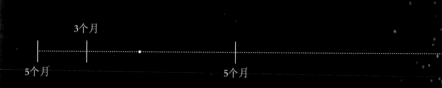

4   5

木星

木卫三
木卫四
木卫二
木卫一

3年

这与500年前**麦哲伦从南美航行到关岛**
所用的时间相同。3个月的航行并没有
阻止欧洲人穿越太平洋。

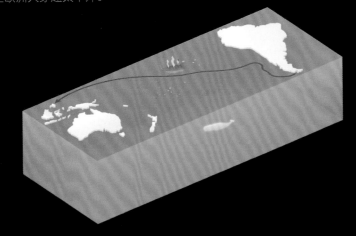

*行星没有按比例缩放

火星表面的重力真的很小。**一个100千克的人在到达火星后将只有38千克重**——这简直堪比节食3个月的惊人成果。

0.38 *g*

6,779 km

尺寸｜重力

6.36 × 10⁻³ atm

大气压

火星是温和的。**火星赤道附近的夏季温度约为30℃**，与丹麦的夏季温度相同。

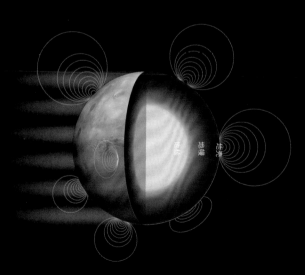

磁场

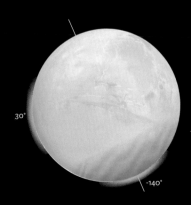

30°

-140°

表面温度

火星没有与地球一样的全球磁场，因此**无法抵御辐射**。

星和地球有相同的季节性倾斜，这意味着我有着相同的四季，只是火星的季节时长是地的两倍——因为火星的一年几乎相当于地球两年。

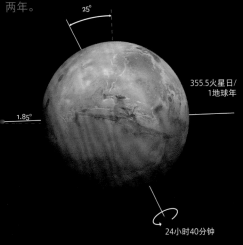

轴向倾斜 | 天/年

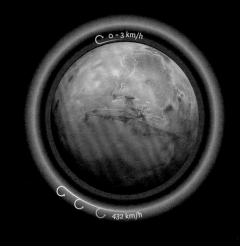

低海拔和高海拔的风速

最后一个宇宙巧合：地球上所有生物都经过进化并适应了24小时的昼夜周期，**而在火星上，我们有几乎完全相同的昼夜周期**——只是每天可以多睡40分钟。

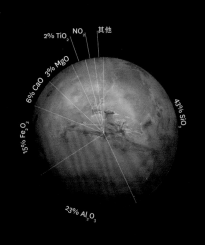

表面物质构成

大气构成

那么，火星上有什么？

风化的表土层。我们可以对其进行处理和分类，进而得到**冰、石头**和**沙子**，冰为我们提供**水**，这样我们就可以制造**砖块、陶瓷**和**混凝土**了。

砖块

挖掘

金属矿石

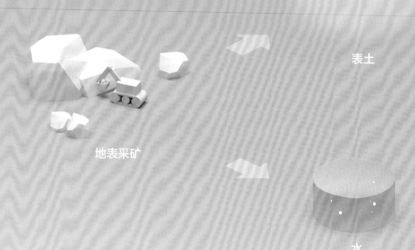

表土

地表采矿

水

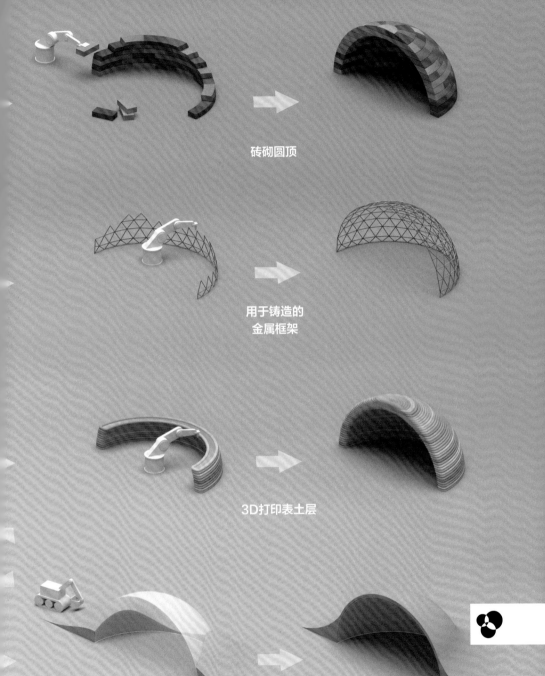

砖砌圆顶

用于铸造的
金属框架

3D打印表土层

可充气的圆顶

我们可以把沙子进一步处理和分类，制造
铝和玻璃，用于**建造工程**。

有太阳能电池，我们就可以**发电**了。有了电和水，我们可以进行**电解**，把水分解成**氢气**和**氧气**。火星的大气层富含二氧化碳，我们可以利用萨巴蒂尔（Sabatier）反应堆为**火箭推进剂**制造甲烷，这样我们就可以**回家**了。

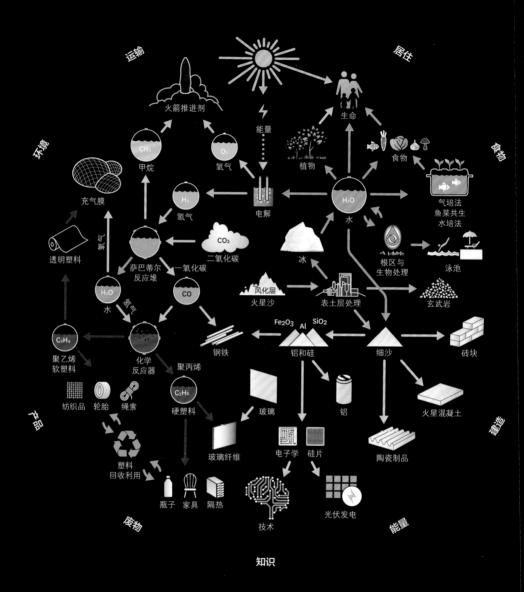

副产品是**水**和**一氧化碳**。将其与氧化铁结合，我们可以制造钢铁，通过进一步的化学反应，我们可以制造**硬塑料和软塑料**。我们当然会回收每一种资源，因为它们对我们来说是如此珍贵。软塑料将为我们提供**充气膜**，所以我们可以制造加压环境，在那里我们可以**种植植物**……还有用来净化水质的根茎植物园，这样我们就可以开始享有水资源了。我们可以开展**农业活动**，通过**水培法**和**生态水培法**来种植农作物……**从而维持人类的生命。**

我们已经利用那里现有的成分，以及我们从地球带去的知识、创造力和工具创造了一个完整的**人造生态系统**。我们基本上有3种习自地球的不同建造方式：

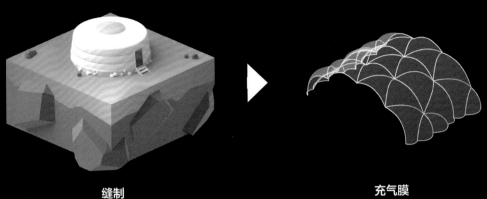

缝制

蒙古包
可移动建筑，可抵御强风及零下35℃的低温至40℃
的高温环境

充气膜

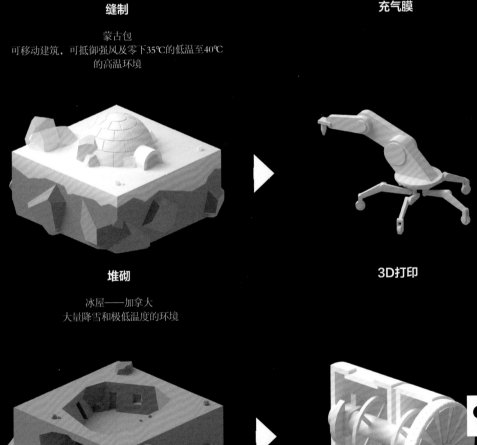

堆砌

冰屋——加拿大
大量降雪和极低温度的环境

3D打印

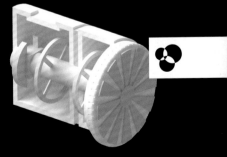

挖掘

穴居——突尼斯
用于高温环境下的地下房屋

挖掘隧道

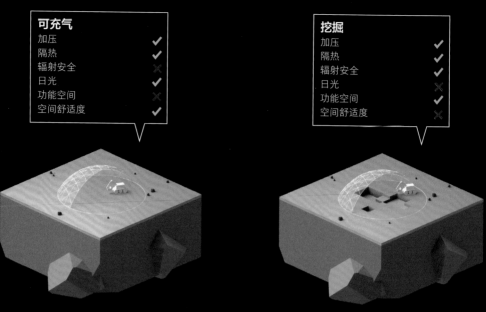

可充气

加压	✓
隔热	✓
辐射安全	✗
日光	✓
功能空间	✗
空间舒适度	✓

挖掘

加压	✓
隔热	✓
辐射安全	✓
日光	✗
功能空间	✓
空间舒适度	✗

阶段1
带来你的建筑S

阶段2
带来机器建造你的建筑

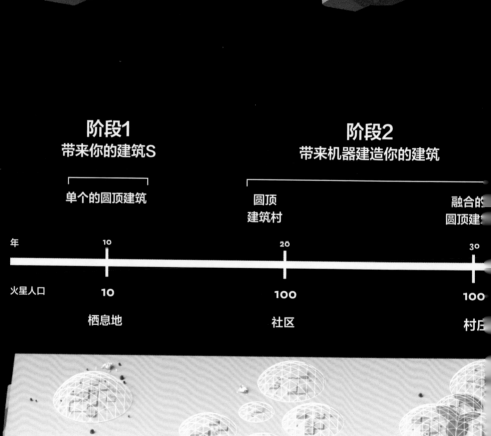

单个的圆顶建筑

圆顶
建筑村

融合的
圆顶建

年	10	20	30

火星人口	10	100	100

栖息地　　　　　社区　　　　　村庄

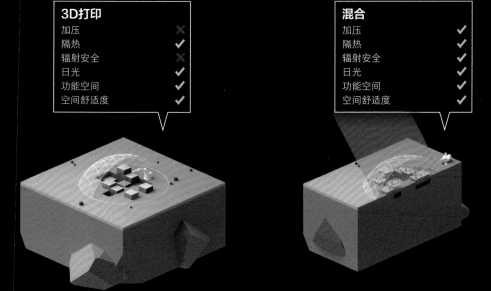

3D打印		混合	
加压	✗	加压	✓
隔热	✓	隔热	✓
辐射安全	✗	辐射安全	✓
日光	✓	日光	✓
功能空间	✓	功能空间	✓
空间舒适度	✓	空间舒适度	✓

充气膜很适合用于创造加压环境，但不能真正屏蔽辐射或防止陨石的撞击。使用火星表土层的**3D打印结构**可提供庇护和隐私空间，但不能提供足够的保护。最后，**挖掘出的空间**可以提供充分的保护，但没有日光。因此，没有一种方式可以单独达到要求，但**将它们结合在一起就能满足所有要求**。

阶段3
什么都不用带

单环建筑	单环建筑村	融合的单环建筑
40	50	60
10 000	100 000	1 000 000
小镇	**城市**	**大都市**

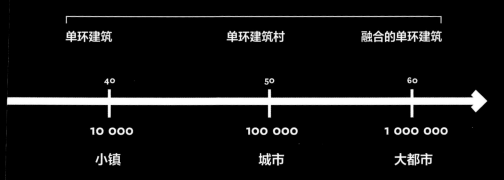

这些单元模块可以成倍增加，并结合起来形成社区和城市，从而在**2217年成为人类的栖息地**。

但即使对一个建筑师来说，这也是一个推进相当缓慢的时间表，所以我们从地球上的迪拜开始着手，这里的景观在视觉上与火星相似，但要温暖得多。

2.30 km

3.24 km

教育

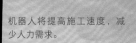

机器人将提高施工速度，减少人力需求。

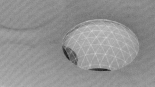

机器人将首先挖掘一个周界，使建筑物的第一层位于地下。

然后，它们将建造缓冲建筑，用于之后可能增加的圆顶。

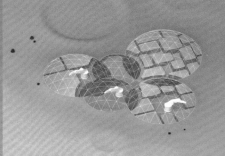

加压的穹顶为人们的工作创造了必要的基本环境，使得其余的施工过程能够更安全、快速地进行。

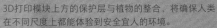

创造出相互连接的空间。

3D打印模块上方的保护层与植物的整合，将确保人类在不同尺度上都能体验到安全宜人的环境。

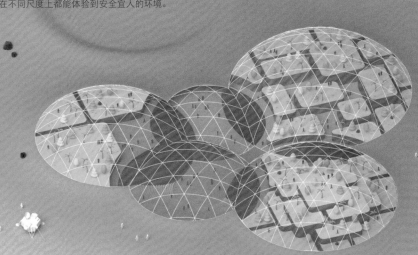

人们可以在火星科学城的**3D打印街道**上行走，体验生活在火星上与生活在锡罐中有何不同。事实证明，水是防止辐射最好的手段之一——比风化岩要好7倍。

想象一个经过日光"清洗"，通过水、睡莲叶和游泳的鳟鱼"过滤"的地下舞厅。

星还有意义吗？我们可以看看**联合国发布的17个可持续发展目标**，其中有8个直接与已建成或规划的环境有关……

地球上的饮用水

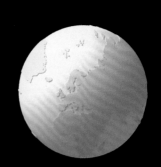

在地球上，我们有15亿立方米的水……

地球上的粮食生产

在地球上，我们有相当发达的农业……

地球上的能源

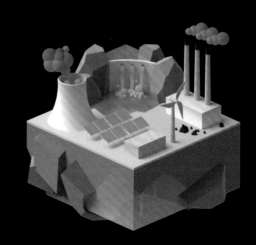

在地球上，全球变暖的主要原因是我们对化石燃料的依赖……

火星上的饮用水

· $5 \times 10^6 \ km^3$ 可饮用水

在火星上我们只有500万立方米的水，所以每一滴都很重要！

火星上的粮食生产

在火星上，我们必须提高10倍的效率！

火星上的能源

火星上没有化石燃料——因为没有化石，所以所有的能源都将是可再生的。

使我们能够在火星上生活的原则和技术，同样也将成为今天地球的伟大守护者。

我们在地球上面临的挑战，很可能在火星上找到答案！

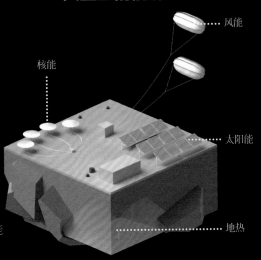

风能

核能

太阳能

地热

EARTH
地球
星球蓝图

　　地球是已知的唯一存在生命的天体。大约71%的地球表面被水覆盖，其中大部分是海洋。剩下的29%是陆地，由大陆和岛屿组成。在地球形成后最初的10亿年里，海洋中出现了生命，并开始影响地球的大气层和表面。在地球生命的历史中，生物多样性经历了漫长的扩张时期，偶尔会出现大规模灭绝；地球上出现过的物种中有99%都灭绝了。超过77亿人生活在地球上，依靠生物圈和自然资源生存。

　　虽然人们对气候变化的认识在政治上达到了顶峰，但似乎缺乏关于如何在全球范围内解决这一问题的具体建议。我们认为有必要为整个地球做一个总体规划，而不只是像目前所做的努力那样，充斥着报告和演讲、片面的目标和有限的监管。一个有形的、可操作的、可执行的总体规划应该具有务实的原则和乌托邦式的美好愿景。这就是星球蓝图计划。

　　星球蓝图是一项关于地球的总体计划，旨在实现全球化的碳中和，同时应对全人类在能源、运输、工业、生物多样性、资源、污染、水、食物和繁荣的生活条件方面所面对的基本挑战。项目希望总结出停止温室气体排放实际需要采取的措施，并了解最终目标的现实意义，即维持人类在地球上存在的百分百可能性。

　　我们对待这一项目的方式与对待任何规模的规划或建筑项目的方式相同：仔细确定问题和机遇；研究可能的技术解决方案；探索并评估多种干预方案；量化工作方式和范围；决定基本规划的作用；使影响可视化；分解实现目标所需的步骤；提出分阶段模式和融资模式。以下是星球蓝图计划的预览，但只是起始框架而非计划本身。整个项目的完整细节需要一部专著才能讲完。

数据

重力	1 g
气压	1标准大气压
日长	24小时
年长	365.24天
表面温度	−88~58℃
磁场	100%
辐射	✔
表面风力	最高400千米/小时
光密度	100%
金属	✔
碳	✔
水	✔
地热	✔
从地球出发的旅行时间	—

地球气候变化简史

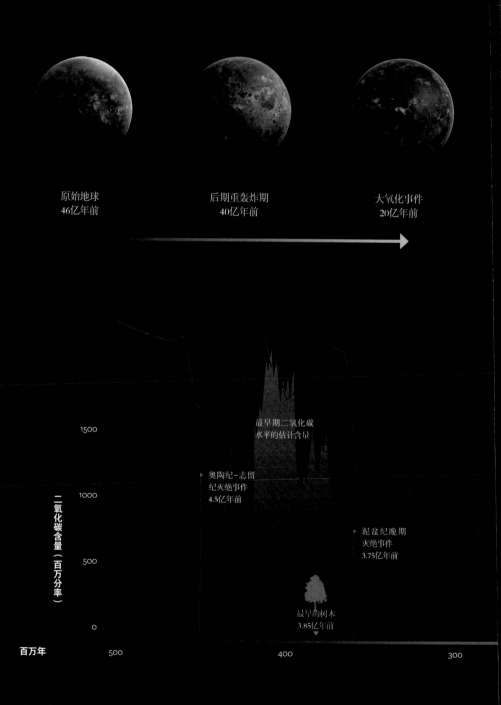

原始地球
46亿年前

后期重轰炸期
40亿年前

大氧化事件
20亿年前

1500

最早期二氧化碳
水平的估计含量

奥陶纪-志留
纪灭绝事件
4.5亿年前

1000

泥盆纪晚期
灭绝事件
3.75亿年前

二氧化碳含量（百万分率）

500

最早的树木
3.85亿年前

0

百万年　　500　　　　　　　400　　　　　　　300

自生命诞生以来，气候变化一直是地球历史的一部分。回顾地球的历史，我们可以看到气候变化不是一种假想的、未来的威胁，而是一种一次次塑造地球的力量。生命的历史经历过灭绝期、冰河期和繁盛期，这些都是气候变化直接或间接引起的。

雪球地球
20亿年前

寒武纪大爆发
5.3亿年前

人类世
今天

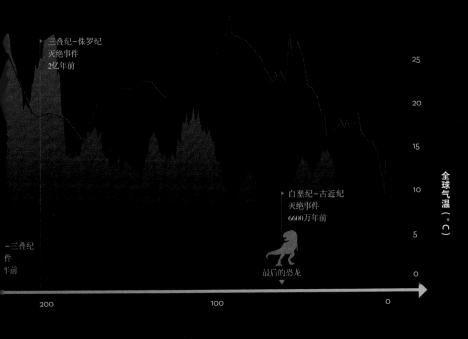

三叠纪–侏罗纪
灭绝事件
2亿年前

25

20

15

白垩纪–古近纪
灭绝事件
6600万年前

10

全球气温（℃）

5

–三叠纪
件
年前

最后的恐龙

0

200   100   0

回顾过去的5亿年，也就是复杂生命出现以来的时间，我们会发现地球的气候并不是静止不变的。据我们所知，以哺乳动物为主的地球生命只能追溯到6600万年前的最后一次大灭绝。

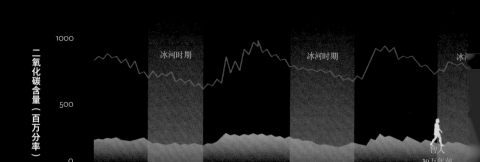

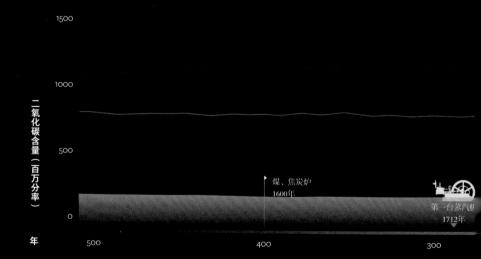

如果聚焦更接近现在的时代，我们可以看到二氧化碳的水平相当稳定。近几十年来，二氧化碳水平和全球气温的上升与工业革命密切相关。尽管大气中的二氧化碳含量已经高达0.0415%，但这早在人类文明出现之前就已经发生了。

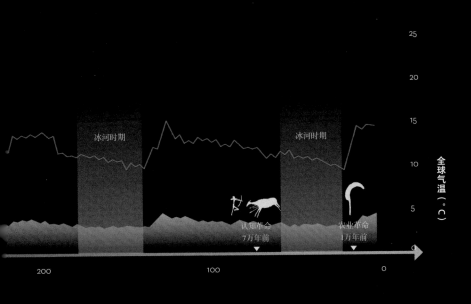

全球气温
二氧化碳含量（百万分率）

冰河时期

冰河时期

认知革命
7万年前

农业革命
1万年前

全球气温（°C）

25
20
15
10
5
0

200   100   0

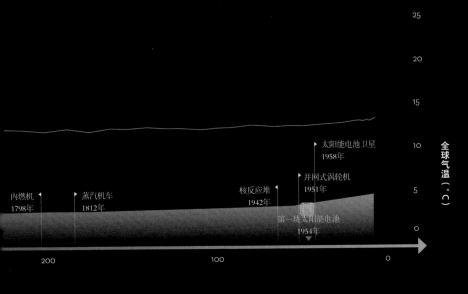

太阳能电池卫星
1958年

并网式涡轮机
1951年

核反应堆
1942年

第一块太阳能电池
1954年

内燃机
1798年

蒸汽机车
1812年

全球气温（°C）

25
20
15
10
5
0

200   100   0

温室气体

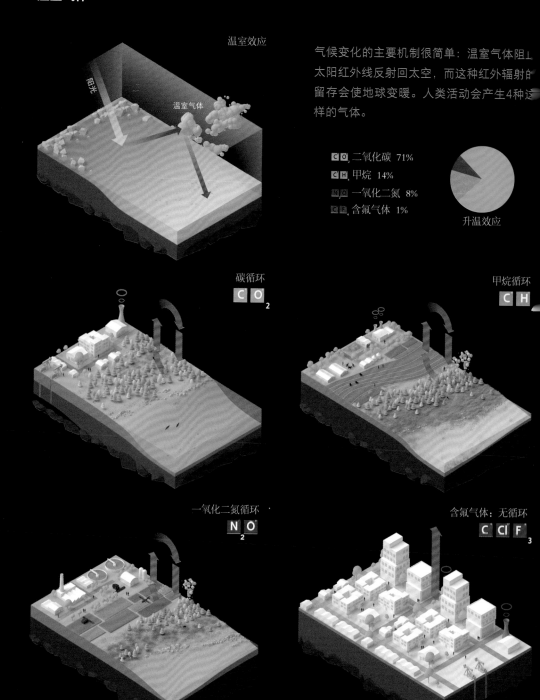

温室效应

气候变化的主要机制很简单：温室气体阻止太阳红外线反射回太空，而这种红外辐射的留存会使地球变暖。人类活动会产生4种这样的气体。

阻光

温室气体

CO_2 二氧化碳 71%
CH_4 甲烷 14%
N_2O 一氧化二氮 8%
CCl_3F 含氟气体 1%

升温效应

碳循环
CO_2

甲烷循环
CH_4

一氧化二氮循环
N_2O

含氟气体：无循环
CCl_3F

在人类产生的4种气体中，有3种也是地球自然产生和吸收的循环气体：二氧化碳、甲烷和一氧化二氮。氟气没有自然的吸收循环，在大气中停留时间很长。目前，持续增加的温室气体主要是二氧化碳。

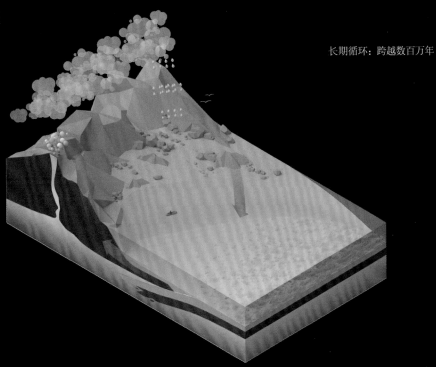

长期循环：跨越数百万年

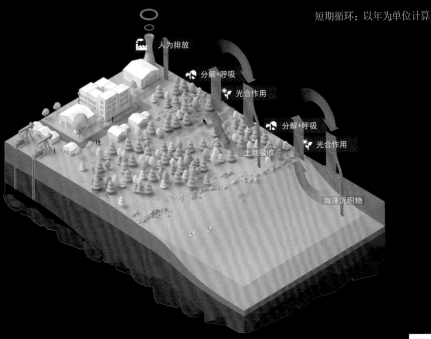

短期循环：以年为单位计算

人为排放

分解+呼吸

光合作用

分解+呼吸

光合作用

土地吸收

海洋沉积物

4400亿/年

Gt. CO2

植物

360亿/年
化石燃料

30亿/年
人类呼吸

2亿/年
火山

碳在自然界中有两种循环方式：长期循环和短期循环。在跨越了亿万年的长期循环中，碳被困在沉积物中，慢慢被推向地幔并逐渐熔化，然后经由火山喷发再次回到地表。短期循环是指二氧化碳每年在大气中的循环过程：碳元素被生命体吸收，然后通过呼吸、分解作用以及人类排放物来释放。

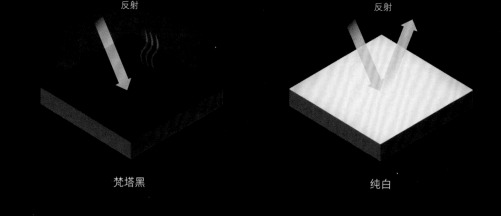

梵塔黑 纯白

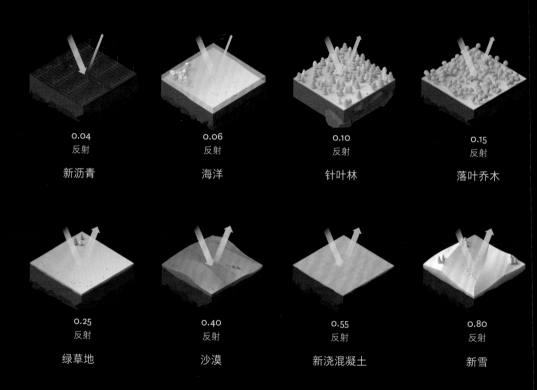

0.04
反射

新沥青

0.06
反射

海洋

0.10
反射

针叶林

0.15
反射

落叶乔木

0.25
反射

绿草地

0.40
反射

沙漠

0.55
反射

新浇混凝土

0.80
反射

新雪

地球大气系统的复杂性并不止于温室效应，还有次级效应。次级效应会加剧变暖。例如，反射发光，即地球吸收太阳辐射的程度，这取决于表面反射率。例如，雪（反射率0.8）吸收的热量小于海水（反射率0.06）。

如果整个星球都是海洋

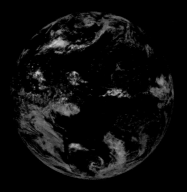

地球的平均温度：

27°C

当前的行星

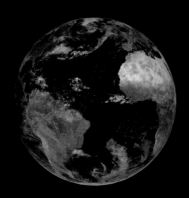

地球的平均温度：

15°C

如果地球的三分之一是
冰川

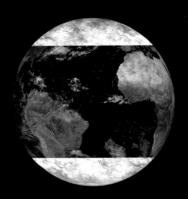

地球的平均温度：

0°C

覆盖两极的冰层逐渐消失后，会形成一个强大的反作用回路，从而进一步加
剧地球变暖，并吸收越来越多的太阳辐射。诸如融冰的反射率变化、海洋酸
化或永久冻土层中甲烷的释放等次级效应，都使得地球温度变化的风险更加
难以预测。

6km³

每年测量固体碳
（石墨）的立方尺寸

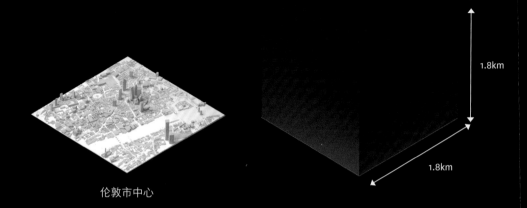

伦敦市中心

1.8km

1.8km

35 000

每年35 000艘油轮

二氧化碳是主要的因人为因素而产生的温室气体，以每年360亿吨的速度被排放到大气中。这个数量很难以人类的尺度来理解。如果我们把所有这些物质堆成一个固体碳的立方体，它的体积将为6立方千米，高度接近2千米。

 157 000

每年157 000太瓦时

2018年全球一次能源消费量

大气中积累的温室气体主要是我们消耗能源的结果。能源的使用对人类的进步和在全世界内消灭贫困一直都至关重要，但是在目前的生产形式中，能源消耗逐渐对环境造成了威胁。这标志着人类历史上的一个关键时代开始了，我们必须从根本上重新思考迄今为止促进我们繁荣的一个关键因素。在接下来的内容中，我们将了解到能源在自然界和人类系统中发挥的重要作用。我们将研究人类获取能源的方式，并展示从生产到最终使用的途径。

生命的内在能量

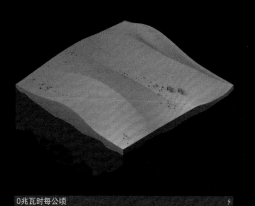

0兆瓦时每公顷

沙漠

<26 兆瓦时每公顷

北极苔原

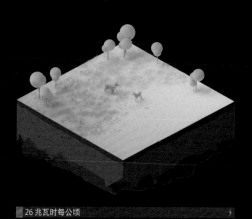

26 兆瓦时每公顷

牧场

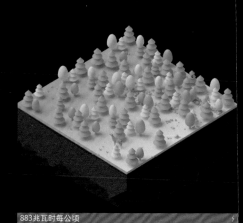

883兆瓦时每公顷

茂密的森林

生命形态需要能量才能发挥作用。1公顷茂密的森林，因具有极高的生物多样性，其总生物量中包含的能量比1公顷仅有简单生命形态的北极苔原大得多。一般来说，自然环境的生物结构越复杂，吸收的能量就越多。

何储存能量：100千瓦时

将100吨的重量提高360米

重力

100吨混凝土提高360米

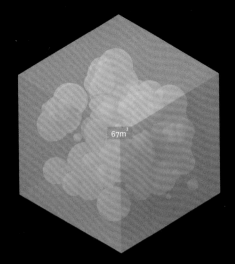

67m³

氢气

5.5千克

锻炼

骑自行车1000小时

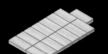

化学能

550千克蓄电池

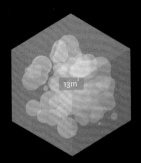

13m

天然气

7.2千克

煤炭

40千克

木材

60 千克

屋顶太阳能光伏

0.5平方米/年

食物

178个巨无霸汉堡包

物质能源

0.000 004 克

钍

0.009 克

铀235

0.3克

石油（20升）

16千克

能量的形式

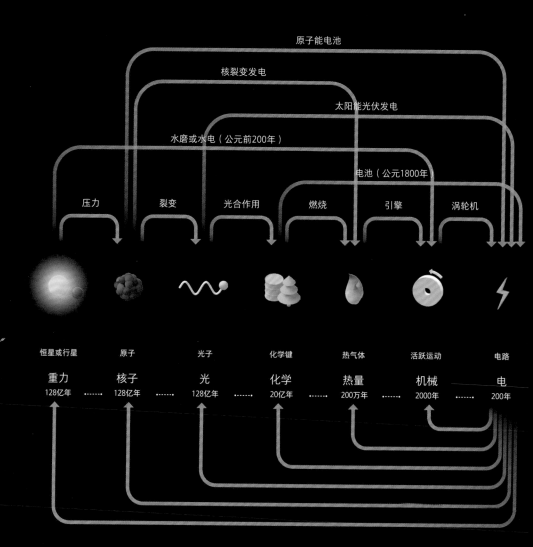

在历史的进程中，随着技术的进步，人类能够获取越来越多的能量。形成太阳的引力能和聚变能最终以光辐射的形式辐射到地球，并以化学键的形式储存在生命形态中。人类从一开始就学会了获取这种能量形式，最初是木材，后来是化石燃料，用以产生热量和为机械运动供能。最后，人类又获得了电力。电力的出现大大促进了技术的发展，使我们可以更加轻松地获得其他形式的能源。随着光伏电池的出现，我们又可以进一步简化这一过程，直接且不受限制地利用太阳光。

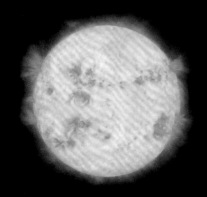

太阳

**太阳能加热、化石燃料能源或
天气系统**

地球

地热能源

月球

潮汐能

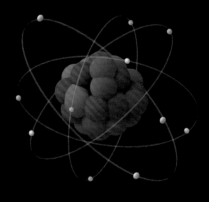

原子

核能

归根结底，地球上所有能源的生产都基于4种主要来源：太阳（光辐射、太阳对
天气系统的影响，以及现存植物和植物化学中的化学能）、地球（地热能）、月
球（潮汐能）和原子的放射性衰变。

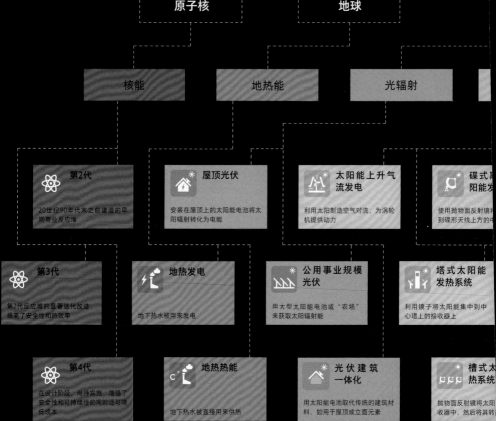

原子核　　　　地球

核能　　　地热能　　　光辐射

第2代

20世纪90年代末之前建造的早期商业反应堆

屋顶光伏

安装在屋顶上的太阳能电池将太阳辐射转化为电能

太阳能上升气流发电

利用太阳制造空气对流，为涡轮机提供动力

碟式聚焦太阳能发

使用抛物面反射镜将到碟形天线上方的中

第3代

第2代反应堆的显著迭代改进，提高了安全性和热效率

地热发电

地下热水被用来发电

公用事业规模光伏

用大型太阳能电池或"农场"来获取太阳辐射能

塔式太阳能发热系统

利用镜子将太阳能集中到中心塔上的接收器上

第4代

在设计阶段，尚待实施，增强了安全性和可持续性的同时还可降低成本

地热热能

地下热水被直接用来供热

光伏建筑一体化

用太阳能电池取代传统的建筑材料，如用于屋顶或立面元素

槽式太阳能发热系统

抛物面反射镜将太阳能收器中，然后将其转

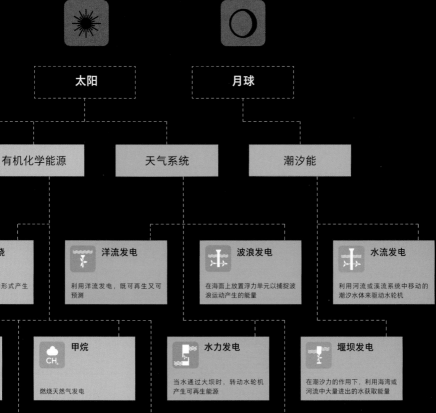

太阳　　　　月球

有机化学能源　　天气系统　　潮汐能

木材焚烧
燃烧，以热能的形式产生

洋流发电
利用洋流发电，既可再生又可预测

波浪发电
在海面上放置浮力单元以捕捉波浪运动产生的能量

水流发电
利用河流或溪流系统中移动的潮汐水体来驱动水轮机

物乙醇
中产生的一种可再用作燃料

 甲烷
燃烧天然气发电

水力发电
当水通过大坝时，转动水轮机产生可再生能源

堰坝发电
在潮汐力的作用下，利用海湾或河流中大量进出的水获取能量

生物质焚烧
烧有机植物材料，以热能的式产生动能

 海藻油
由藻类光合作用合成的用于生物燃料的天然石油

海上风力发电
涡轮机在水面上捕获风能

陆上风力发电
涡轮机在陆地上捕获风能

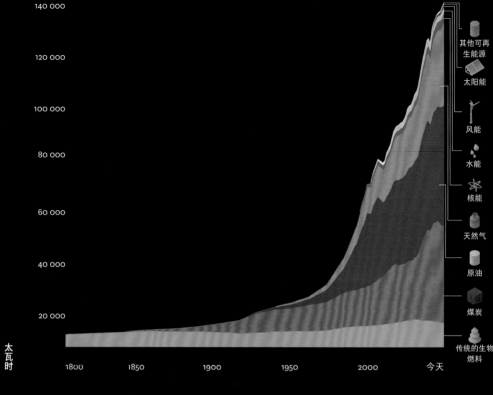

140 000

120 000

100 000

80 000

60 000

40 000

20 000

其他可再
生能源

太阳能

风能

水能

核能

天然气

原油

煤炭

传统的生物
燃料

太
瓦
时

1800　　　　1850　　　　1900　　　　1950　　　　2000　　　　今天

全球初级能源，2017年

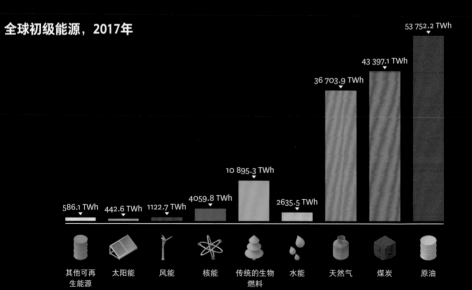

586.1 TWh　442.6 TWh　1122.7 TWh　4059.8 TWh　10 895.3 TWh　2635.5 TWh　36 703.9 TWh　43 397.1 TWh　53 752.2 TWh

其他可再　太阳能　风能　核能　传统的生物　水能　天然气　煤炭　原油
生能源　　　　　　　　　　　　燃料

人类福祉和发展的巨大进步与对能源利用的增长同步。直到最近，有些国家才开始
在使经济增长与能源利用脱钩的问题上有成功的尝试。

各国家的当前排放量

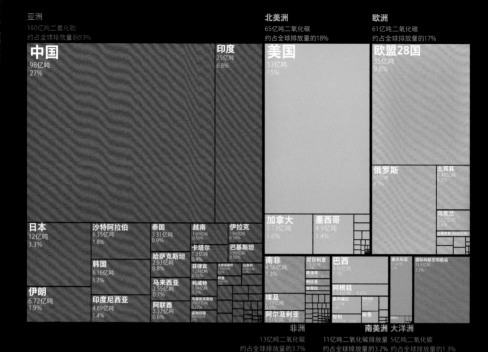

亚洲
190亿吨二氧化碳
约占全球排放量的53%

中国
98亿吨
27%

印度
25亿吨
6.8%

日本
12亿吨
3.3%

沙特阿拉伯
6.35亿吨
1.8%

泰国
3.31亿吨
0.9%

越南
1.99亿吨
0.55%

伊拉克
1.94亿吨
0.54%

卡塔尔
1.32亿吨
0.4%

巴基斯坦
1.99亿吨
0.55%

韩国
6.16亿吨
1.7%

哈萨克斯坦
2.93亿吨
0.8%

菲律宾
1.28亿吨
0.35%

以色列

土库曼斯坦
7000万吨

马来西亚
2.55亿吨
0.7%

科威特
9900万吨
0.27%

乌兹别克斯坦
1.04亿吨
0.3%

伊朗
6.72亿吨
1.9%

印度尼西亚
4.89亿吨
1.4%

阿联酋
2.32亿吨
0.6%

缅甸

孟加拉国
8000万吨

北美洲
65亿吨二氧化碳
约占全球排放量的18%

美国
53亿吨
15%

加拿大
5.73亿吨
1.6%

墨西哥
4.9亿吨
1.4%

欧洲
61亿吨二氧化碳
约占全球排放量的17%

欧盟28国
35亿吨
9.8%

俄罗斯
17亿吨
4.7%

土耳其
3.48亿吨
1.2%

乌克兰
3.32亿吨
1.1%

国际海运及航空
11.5亿吨
3.2%

南非
4.56亿吨
1.3%

尼日利亚

摩洛哥

利比亚

埃及
2.19亿吨
0.7%

阿尔及利亚
1.24亿吨
0.35%

巴西
4.76亿吨
1.3%

阿根廷
2.04亿吨 0.6%

委内瑞拉

智利

秘鲁

澳大利亚

非洲
13亿吨二氧化碳
约占全球排放量的3.7%

南美洲
11亿吨二氧化碳排放量
约占全球排放量的3.2%

大洋洲
5亿吨二氧化碳
约占全球排放量的1.3%

历史排放量

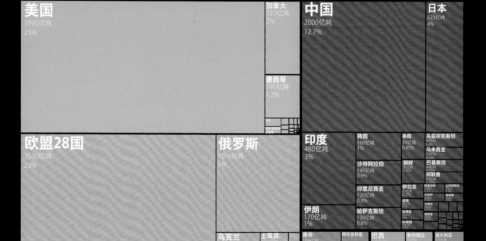

北美洲
4570亿吨二氧化碳
约占全球累计排放量的29%

美国
3990亿吨
25%

加拿大
320亿吨
2%

墨西哥
190亿吨
1.2%

亚洲
4570亿吨二氧化碳
约占全球累计排放量的53%

中国
2000亿吨
12.7%

日本
620亿吨
4%

印度
480亿吨
3%

韩国
160亿吨
1%

泰国
70亿吨
0.45%

乌兹别克斯坦
80亿

马来西亚

朝鲜

巴基斯坦

阿联酋

沙特阿拉伯
140亿吨
0.9%

印度尼西亚
120亿吨
0.8%

伊拉克

伊朗
170亿吨
1%

哈萨克斯坦
120亿吨
0.8%

欧盟28国
3530亿吨
22%

俄罗斯
1010亿吨
6%

乌克兰
190亿吨
1.2%

土耳其
96亿吨
0.6%

南非
198亿吨
1.3%

尼日利亚

埃及
60亿吨 0.35%

巴西

委内瑞拉

阿根廷

智利

澳大利亚

欧洲
5140亿吨二氧化碳
约占全球累计排放量的33%

非洲
430亿吨二氧化碳
约占全球累计排放量的3%

南美洲
11亿吨二氧化碳
约占全球累计排放量的3.2%

将二氧化碳年排放量按国家划分，我们可以看到中国目前的排放量最高；然而，从历史的角度来看，美国的累计排放量最高，欧盟28国次之。（本书写作时间为2020年）

完整的排放途径

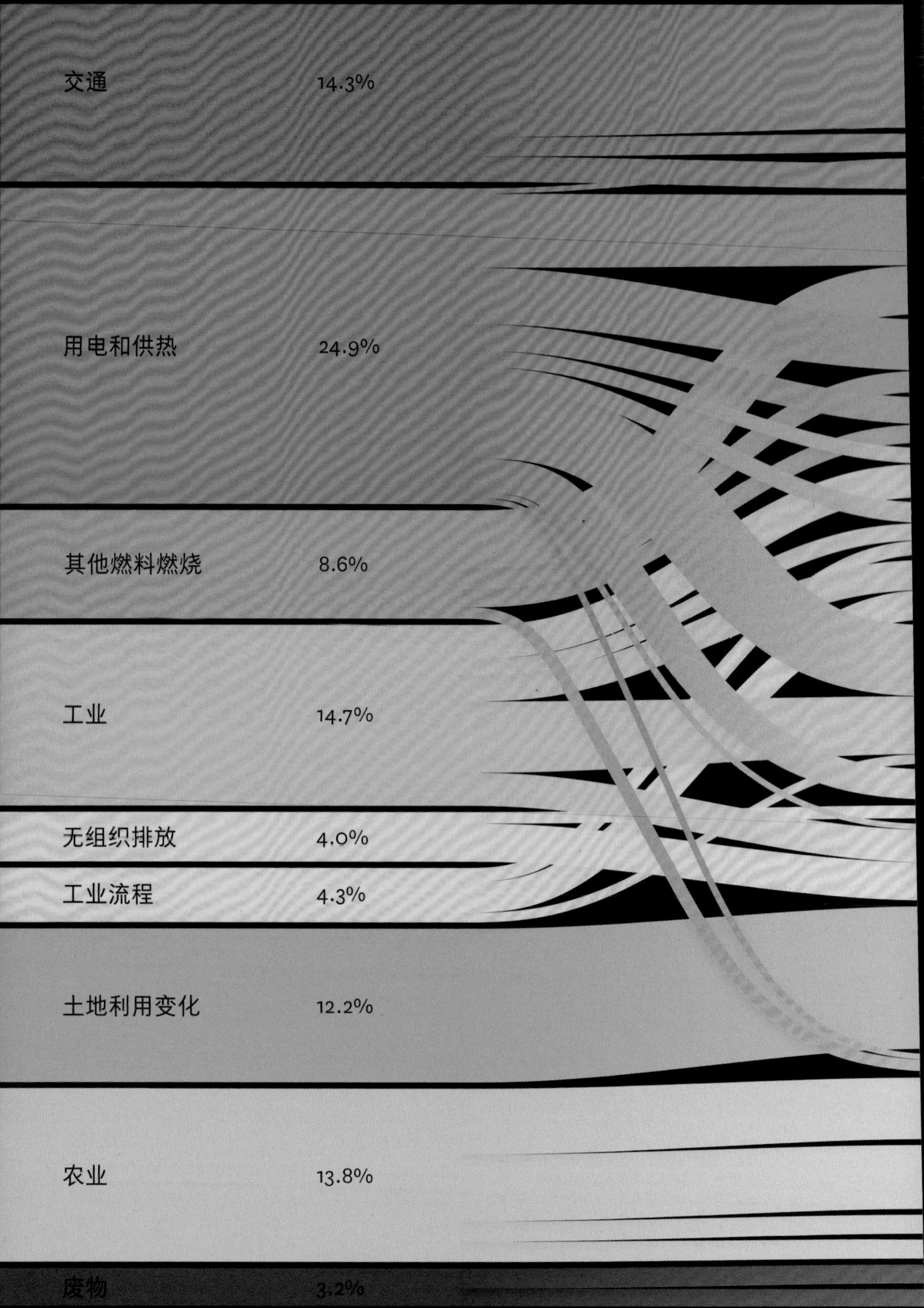
交通 14.3%
用电和供热 24.9%
其他燃料燃烧 8.6%
工业 14.7%
无组织排放 4.0%
工业流程 4.3%
土地利用变化 12.2%
农业 13.8%
废物 3.2%

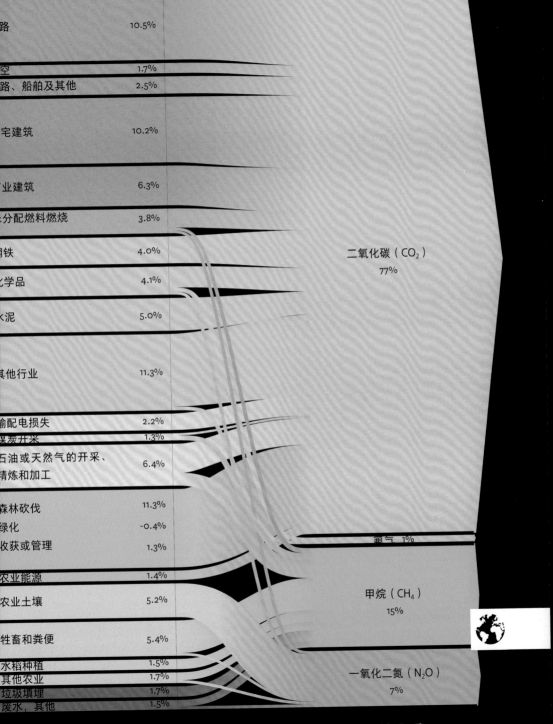

路   10.5%

空   1.7%

路、船舶及其他   2.5%

宅建筑   10.2%

业建筑   6.3%

分配燃料燃烧   3.8%

钢铁   4.0%

化学品   4.1%

水泥   5.0%

其他行业   11.3%

输配电损失   2.2%

煤炭开采   1.3%

石油或天然气的开采、精炼和加工   6.4%

森林砍伐   11.3%

绿化   -0.4%

收获或管理   1.3%

农业能源   1.4%

农业土壤   5.2%

牲畜和粪便   5.4%

水稻种植   1.5%

其他农业   1.7%

垃圾填埋   1.7%

废水，其他   1.5%

二氧化碳（CO_2）77%

氟气 1%

甲烷（CH_4）15%

一氧化二氮（N_2O）7%

最终用途   **煤气取暖**

气候变化的四大主要来源

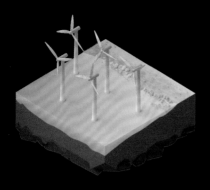

24.9%

能源

电力、热能生产

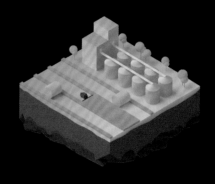

26%

食物

农业、土地使用

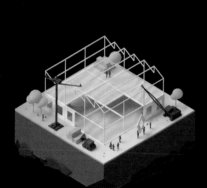

23%

工业

建筑、制造、工业流程

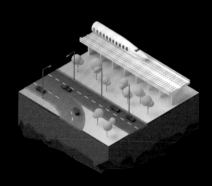

14.3%

交通运输

陆运、海运和空运

我们可以将人类的温室气体排放划分为四个关键活动领域：交通运输、能源、食物和工业。我们将分别分析每个领域，找出未来的主要挑战、存在的关键问题和可能的解决方案。

此外，我们还想研究另外六个关键问题，尽管它们并非温室气体排放的直接来源，但这六个方面对人类未来的可持续性至关重要。人类将如何应对健康、生物多样性、水、污染、主要资源，以及最终的建筑和城市化问题，这将在气候变化的问题之外塑造即将到来的世界。

候变化之外的六个关键问题

生物多样性
物种和栖息地消失

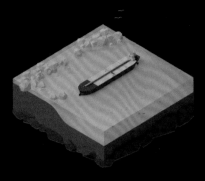

资源
提取和回收

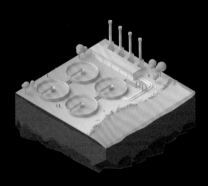

污染
空气、土壤和水

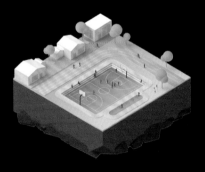

健康
全球健康风险和对人类的重大威胁

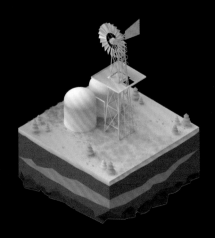

水
用水和缺水

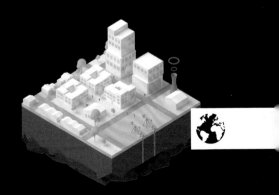

建筑与城市化
建筑、城市、区域规划

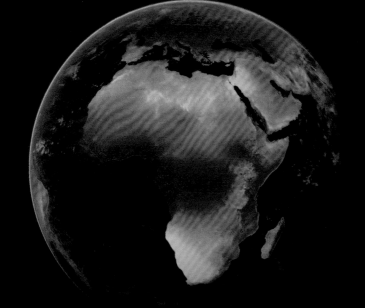

太阳直射整个非洲

每天
1 千瓦时/平方米

每天
10 千瓦时/平方米

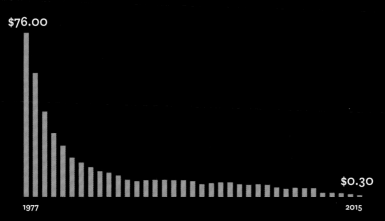

$76.00

$0.30

1977　　　　　　　　　　　　　　　　　　　　　2015

太阳能光伏板价格变化表

世界能完全依靠100%可再生能源吗？

尽管可再生能源技术如今已经存在，但大规模部署、能源储存的问题，尤其是太阳能和风能的间断性问题，都预示着人类获取能源的方式将发生彻底的改变。

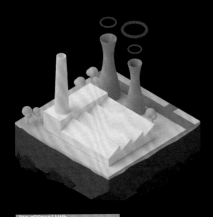

■ 820 gCO2eq/ kWh

化石燃料：煤炭

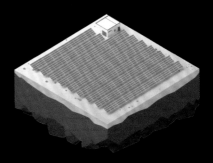

■ 48 gCO2eq/ kWh

太阳能光伏

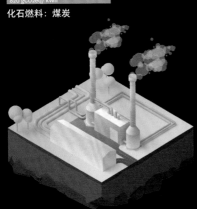

■ 38 gCO2eq/ kWh

地热

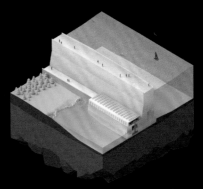

■ 24 gCO2eq/ kWh

水能

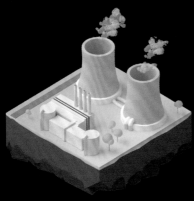

■ 12 gCO2eq/ kWh

核能

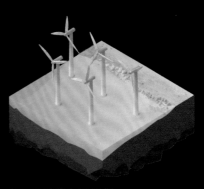

■ 12 gCO2eq/ kWh

风能

采用生命周期排放的生产方法

在未来的世界里，也许有广阔的光伏发电场、无际的海洋能电站、漂浮的风力发电场，以及潮汐发电坝和地热发电站，与我们今天的世界大不相同。由于自然世界带给我们的间断性问题可能无法通过能源储存来解决，因此提供全球互联的全球电网，即能源互联网，可能很快就会出现。

交通运输

北美洲的航空运输

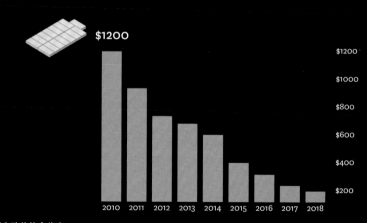

$1200

锂电池价格变化表

电动汽车的革命正在到来，但我们能不能让船只、飞机和其他车辆也通电呢？

由于所有陆、海、空货物和乘客的运输都需要实现零碳排放，完全使用可再生
能源的世界运输解决方案是什么？它又意味着什么？

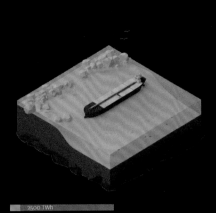

2500 TWh

海洋运输

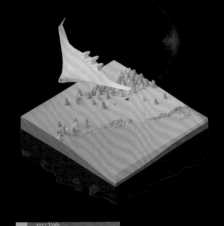

2777 TWh

航空运输

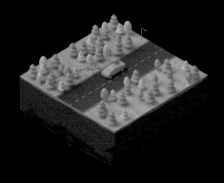

13 333 TWh

轻型公路运输

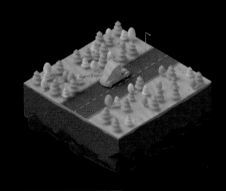

6389 TWh

重型公路运输

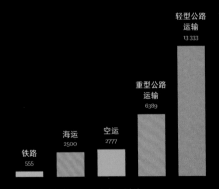

轻型公路运输
13 333

重型公路运输
6389

空运
2777

海运
2500

铁路
555

运输能源支出：26 000太瓦时/年

555 TWh

铁路运输

在交通领域，能源消耗最高的是轻型车辆，目前世界上有超过10亿辆汽车、摩托车和轻便摩托车。因此，个人车辆的及时电气化是最迫切的问题，也将是最有效的解决方案之一。当然，人类也依赖于全球航运和航空旅行，在这些领域里，氢动力海运或高铁等有可能成为必要的替代解决方案。

食物

全球农业用地

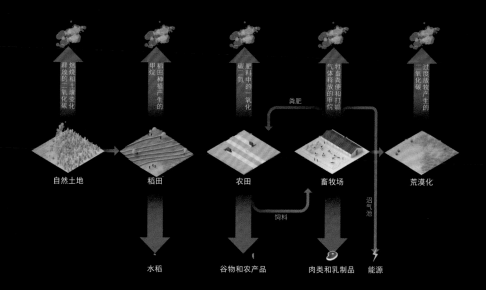

燃烧和土壤变化释放的二氧化碳 → 稻田种植产生的甲烷 → 肥料中的二氧化碳 → 牲畜粪便和打嗝气体释放的甲烷 → 过度放牧产生的二氧化碳

粪肥

自然土地 → 稻田 　农田 　畜牧场 → 荒漠化

饲料 　　沼气池

水稻 　谷物和农产品 　肉类和乳制品 　能源

在不排放温室气体的情况下，我们如何养活100亿人？

食物生产是人类生存所必需的，具有固有的排放过程。温室气体来自众多更小的排放源，如稻田或粪肥释放的甲烷，这都给解决方案的实施和监控带来了挑战。

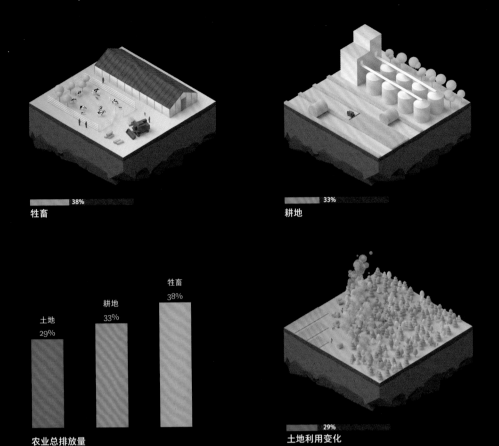

牲畜
38%

耕地
33%

牲畜
38%

耕地
33%

土地
29%

农业总排放量

土地利用变化
29%

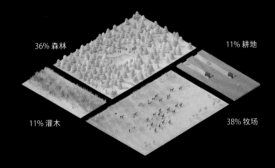

36% 森林

11% 耕地

11% 灌木

38% 牧场

在地球上每平方千米的可居住土地中，有一半用于农业：其中0.11平方千米用于种植农作物，0.38平方千米用于放牧。

除了生产排放之外，粮食生产所需的土地不断扩大，这本身也是一个挑战，因为目前全世界约一半的可居住土地（5100万平方千米）被农作物和畜牧业占据。这种对土地利用和技术进步的需求将不可避免地促使我们重新思考，以何种方式去组织粮食生产和土地利用。

生物多样性

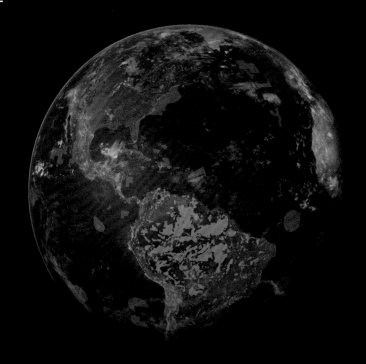

受保护的陆地区域
受保护的海洋区域
陆地、海洋和海岸保护区域

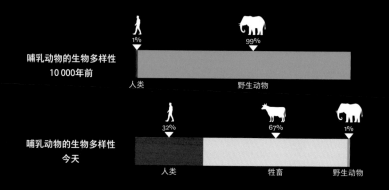

**哺乳动物的生物多样性
10 000年前**

1%　人类　　99%　野生动物

**哺乳动物的生物多样性
今天**

32%　人类　　67%　牲畜　　1%　野生动物

在一个人口越来越多的世界里，我们怎样才能保护生物的多样性?

人类活动导致全球物种以正常背景速度的100到1000倍走向灭绝，因此人类将是最终导致全新世或人类世灭绝的原因。

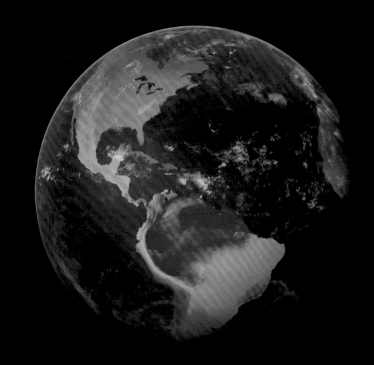

不丰富　　　　　　丰富

物种丰富度：哺乳动物

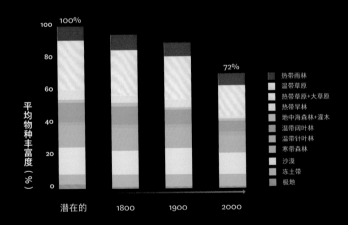

	热带雨林
	温带草原
	热带草原+大草原
	热带旱林
	地中海森林+灌木
	温带阔叶林
	温带针叶林
	寒带森林
	沙漠
	冻土带
	极地

随着人口的持续增长，人类对土地和水的需求将使自然栖息地继续被分割，并因此变得贫瘠。这种毁坏性行为不仅会减少自然栖息地的面积，而且对人类也有不利影响，因为自然生态系统也在为人类提供一些基本服务，如作物授粉、减轻洪水和防止水土流失等。

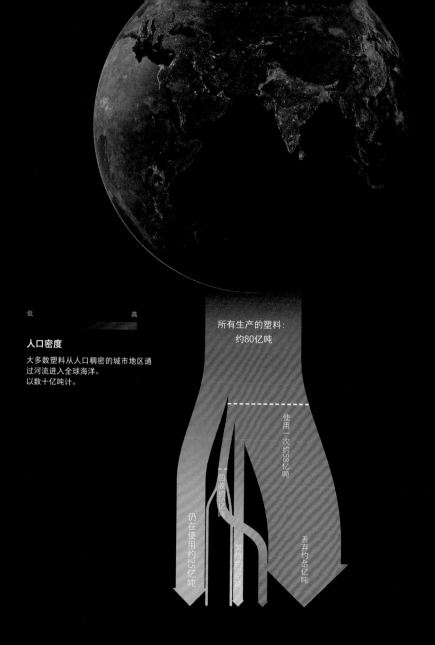

低　　　　　　　高

人口密度
大多数塑料从人口稠密的城市地区通
过河流进入全球海洋。
以数十亿吨计。

所有生产的塑料：
约80亿吨

使用一次约58亿吨

回收约5亿吨

仍在使用约25亿吨

焚烧约8亿吨

丢弃约49亿吨

如何消除人类对自然世界多种形式的污染？

人类不断扩张，已经造成了巨大损失，对人类自身和自然世界都造成了伤害。
有什么方法可以缓解日益严重的空气、土地和海洋污染？

**每 10 万人中因疟疾死亡的人数，
2017 年**

<0.001   >100

每 10 万人中 5 岁以下因疟疾死亡的人数

蚊帐拥有率

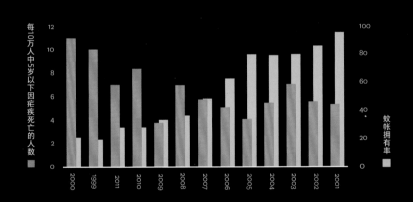

蚊帐使用情况，坦桑尼亚的鲁菲吉
简单的蚊帐是预防疟疾的有效屏障，被认为是拯救全世界
人类生命成本最低的方法之一。

**作为一个物种，什么是对我们的健康和福祉最大的威胁？我们目前该怎样做才能成
功地减轻这些威胁？**

历史上的一系列病毒流行事件，体现了人类作为一个生物物种的脆弱性。设计和规
划真的能在这场斗争中有所作为吗？

水

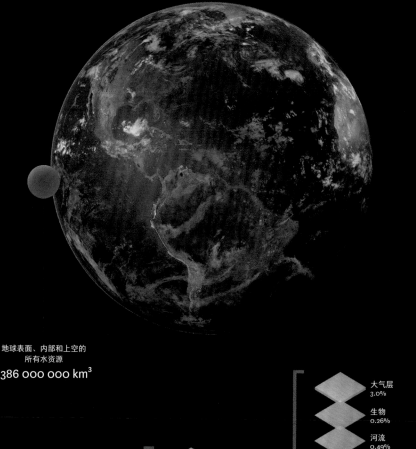

地球表面、内部和上空的
所有水资源
1 386 000 000 km³

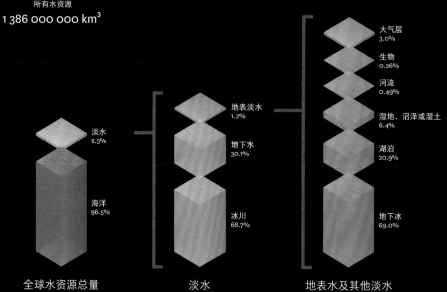

大气层
3.0%

生物
0.26%

河流
0.49%

湿地、沼泽或湿土
6.4%

湖泊
20.9%

地下冰
69.0%

地表淡水
1.2%

地下水
30.1%

冰川
68.7%

淡水
2.5%

海洋
96.5%

全球水资源总量　　　　淡水　　　　地表水及其他淡水

我们将如何满足世界日益增长的用水需求?

21世纪,世界的总用水量相较于20世纪增加了6倍,达到每年4百万立方千米。全球2/3的人口每年至少有1个月受到严重缺水的影响。随着全球气温上升,预计受干旱影响的地区只会不断扩大。

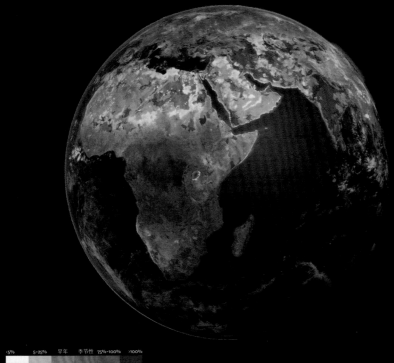

<5%　5-25%　旱年　季节性　75%-100%　>100%

年耗水量

农业
70%

地球年耗水量的体积
4 000 000 km³

市政
11%

工业
19%

16 km

16 km

总用水量

尽管存在盐污染、地理位置不便和高能源消耗等难题，海水淡化仍是满足当前日益增长的用水需求的一种解决方案，预计将在全球范围内将得到更多的应用。然而，通过探索更有效的技术以及改进现有的水资源管理系统，将有机会找到更多解决方案。

资源

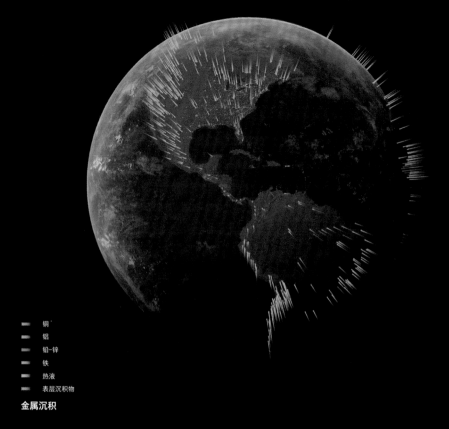

- 铜
- 铝
- 铅–锌
- 铁
- 热液
- 表层沉积物

金属沉积

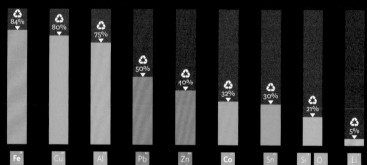

Fe	Cu	Al	Pb	Zn	Co	Sn	Si O	Li
84%	80%	75%	50%	40%	32%	30%	21%	5%

金属回收利用率

关于即将到来的绿色技术革命，其资源从何而来？

要用零碳排放技术完全取代世界上的能源、交通和工业基础设施，就会有大量新的采矿需求。然而，如果能在全球范围内重新审视对资源的循环利用，用更少的资源生产更多的产品，这种即将到来的压力可能会得到缓解。

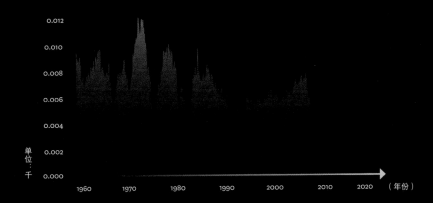

按总人口计算的新住房单元开工数
美国，1960—2020年

如何设计城市，才能经受住现在和未来的挑战？

建筑师的大部分创新和才智都体现在建筑环境中，但未来的挑战不仅是建设城市，使它们能够在不断变化的气候条件下繁荣发展，还要确保尽可能多的人能够享受到它们的繁荣。

2050年的地球人口情况

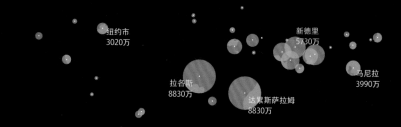

7500万　5000万　2500万　1000万

预计22世纪的城市增长

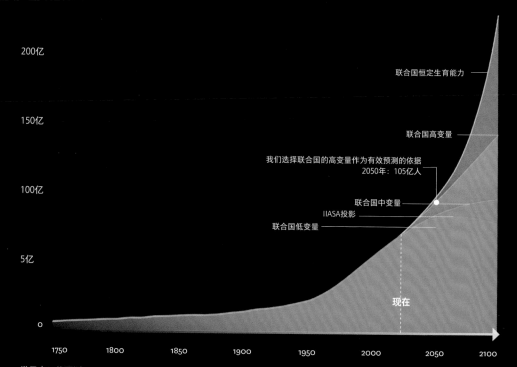

世界人口的预测

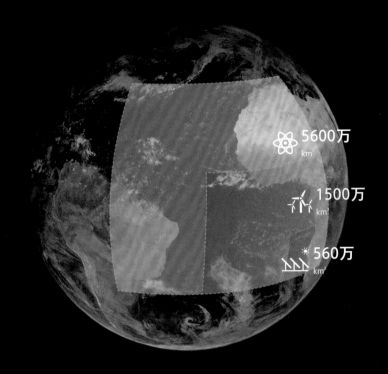

5600万 km²

1500万 km²

560万 km²

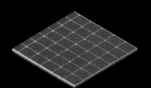

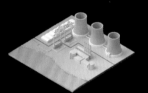

要想让每个人都能拥有发达国家的能源使用水平（以新加坡为例），需要560万平方千米太阳能光伏为包括交通和工业在内的世界供电

我们每年要让1平方千米的太阳能光伏发电100千兆瓦时

在同样的情况下，海上风力涡轮机（10兆瓦）需要覆盖1500万平方千米

我们要用1平方千米的海上风能每年发电35.9千兆瓦时

核电站本身不会占用太多空间；然而，他们所需的"烟羽应急计划区"（每个区域半径16千米）将占用5600万平方千米的庞大空间

一座净容量1000兆瓦的核电站每年发电7880千兆瓦时

我们应该规划一个什么样的世界？

在提出"世界理想的能源需求是什么"这个问题时，我们认为发展中地区的人民拥有追求与发达国家人民同等的福利的权利。在这里，我们选择新加坡目前的能源消耗，即人均56 371千瓦时/年，作为未来世界100亿人的平均需求。在这个增长的水平上，我们推断全世界人民都将受益于交通、气候变化、基本商品，以及发达国家人民今天享受的所有必需品。

NEXES

未完待续……

TO BE CONTINUED...

我们之所以喜欢乐高，是因为它不是玩具，而是一种工具——一种让孩子们能够创造自己的世界并通过游戏居住于其中的工具。和朋友们一起创造，然后一起生活在那个世界里，这就是所谓的赋形。作为人类，我们有能力——也有工具——去为我们想要生活的未来赋形。我们有能力去倾听，去观察，去了解生活是如何超出我们的预想的，然后去发现和探索新的方式来与我们所创造的世界共存。如果说工作是世界运转的动力，那么游戏则是让世界超越自己的动力。

　　通常，建筑师通过制作模型来展示他们想要建造的东西。在赋形展览（Formgiving Exhibition）的游戏空间中，这一过程恰恰相反。来自世界各地的建筑师基于 BIG 建筑事务所的作品重新创作了 25 个乐高模型。每个模型都配有一个三维数字建筑信息模型，该模型体现了项目的所有技术信息——功能布局、结构、机械服务、交通和材料，形成了现实建筑的数字孪生体。通过这两个数据点——物理抽象和数字规范，参观者可以深入了解隐藏在有趣的简单性背后的复杂工作。最后，在展厅的中心，我们提供各种工具，邀请观众参与游戏。

扭桥博物馆

挪威，耶夫纳克尔
乐高：6000块
BIG建造者：Lars Barstad

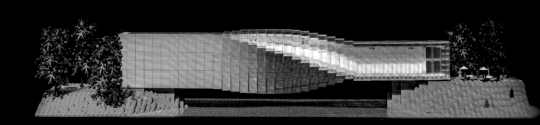

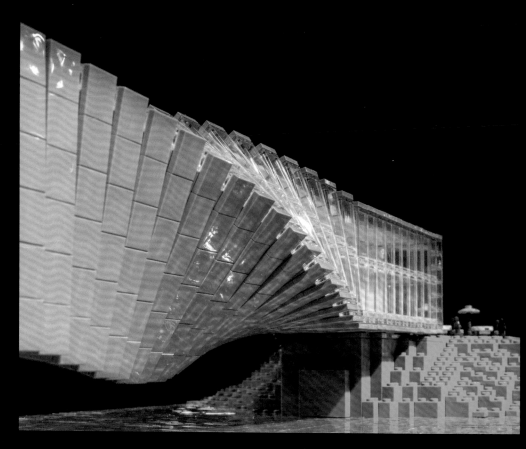

2010年上海世博会
丹麦馆

中国，上海
乐高：11 500 块
BIG建造者：Helgi Toftegaard

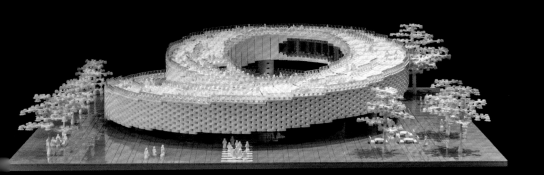

乐高之家

丹麦，比隆
乐高：22 000 块
BIG建造者：Lasse Vestergård

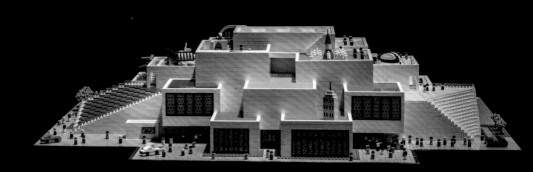

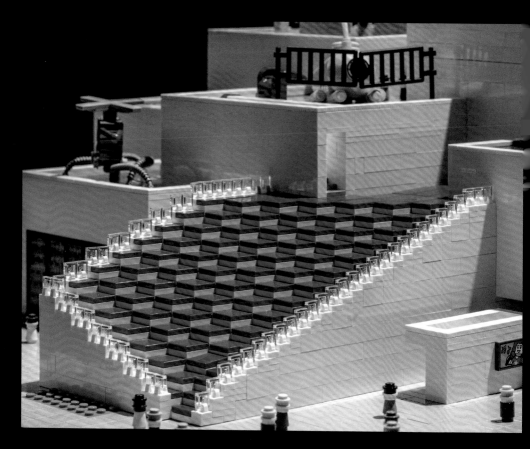

时代广场的情人节雕塑

美国，纽约
乐高：8000块
BIG建造者：Are J. Heiseldal & Helgi Toftegaard

爱彼钟表酒店

瑞士，布拉苏丝
乐高：19 224 块
BIG建造者：Jessica Farrell

每上青年公寓

丹麦，哥本哈根
乐高：25 000 块
BIG建造者：Anne Mette Vestergård

哥本山

丹麦，哥本哈根
乐高：28 000块
BIG建造者：Lasse Vestergård

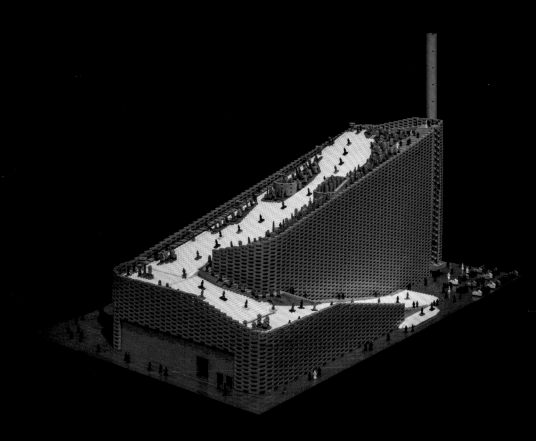

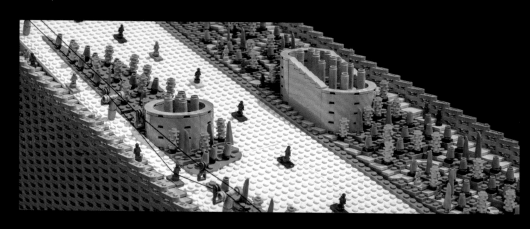

城市船舱

丹麦，哥本哈根
乐高：16 000 块
BIG 建造者：Anne Mette Vestergård

丹麦，哥本哈根
乐高：10 000 块
BIG 建造者：Emil Lidé

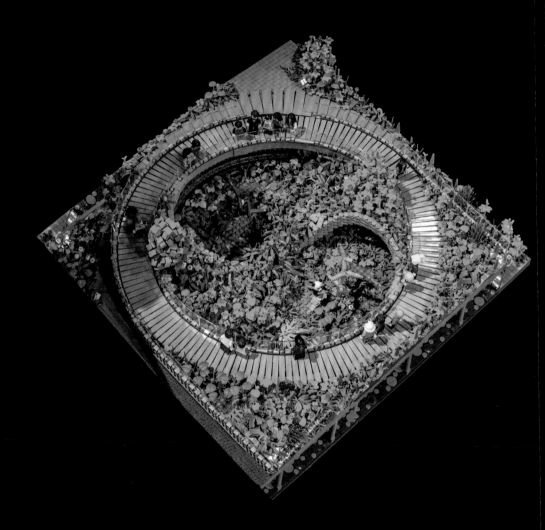

高山公寓

丹麦，哥本哈根
乐高：30 000 块
BIG 建造者：Esben Kolind

蜂巢住宅

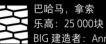
巴哈马，拿索
乐高：25 000块
BIG 建造者：Anne Mette Vestergård

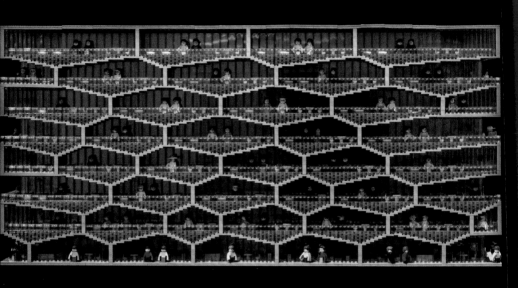

花莲住宅

中国，台湾
乐高：6 000块
BIG建造者：Zio Chao,Hsinwei Chi & Kimura Hsieh

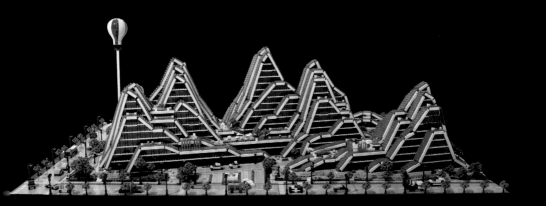

GLASIR 教育中心

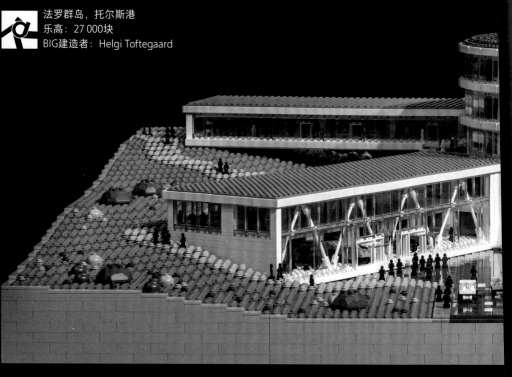

法罗群岛，托尔斯港
乐高：27 000块
BIG建造者：Helgi Toftegaard

DORTHEAVEJ 2
预制住宅

丹麦，哥本哈根
乐高：42 900块
BIG 建造者：Esben Kolind & Helgi Toftegaard

DONG项目中的自闭症建设者

在DONG模型的构建中，Specialisterne（专业人才基金会）一直是重要的组成部分。Specialisterne是一个帮助自闭症患者在生活和工作领域找到正确位置的组织。在这里，他们为特定的公司以及自己创造价值。Specialisterne是一个非营利性基金会，旨在为全球自闭症患者创造100万个就业机会。

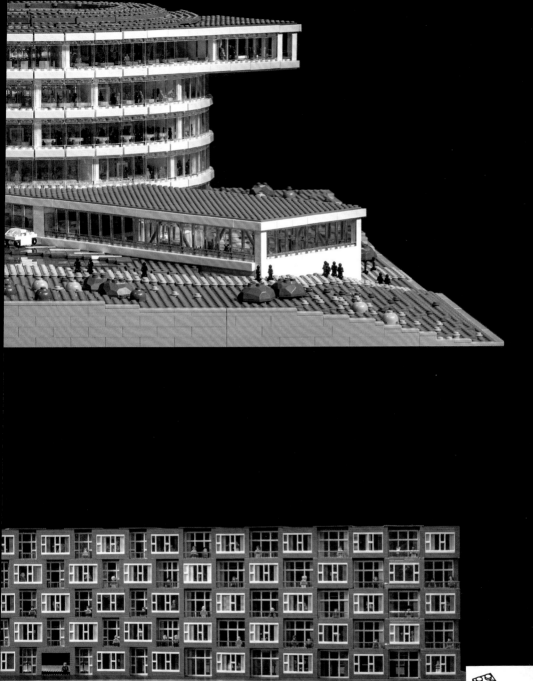

哥本山

丹麦，哥本哈根
乐高：910块
BIG建造者：Nicolas Carlier

熊猫馆

丹麦，哥本哈根
乐高：539块
BIG建造者：Nicolas Carlier

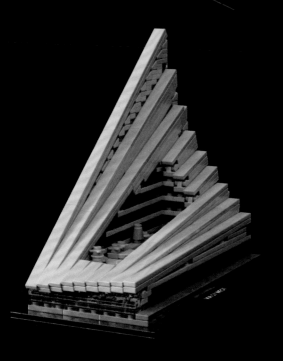

Via West 57公寓

美国，纽约
乐高：663块
BIG 建造者：Nicolas Carlier

乐高模型

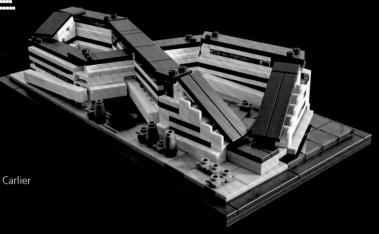

字形住宅

丹麦，哥本哈根
乐高：711块
BIG 建造者：Nicolas Carlier

URBAN RIGGER

城市船舱

丹麦，哥本哈根
乐高：360块
BIG 建造者：Nicolas Carlier

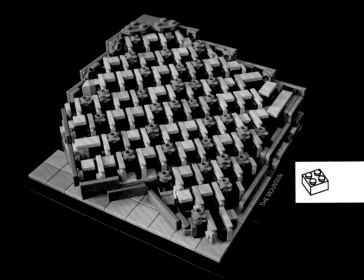

THE MOUNTAIN

高山公寓

丹麦，哥本哈根
乐高：872块
BIG 建造者：Nicolas Carlier

FROM FACT
TO FICTION

从现实到虚构

建筑是将虚构内容变为现实的艺术和科学。我们居住的世界在很大程度上是由我们的先人想象并实现的。这是一种雕刻在石头上、浇筑在混凝土中的巨大幻想。作为一个物种，我们拥有的最强大的创造性产出就是我们为彼此创造的世界。凭借丰富的创造力和想象力，以及坚持不懈的努力，我们不断拓展城市空间的可能性：工业港口变成了游泳池，垃圾能源回收厂变成了滑雪场，防洪堤变成了公园，博物馆变成了桥梁，桥梁变成了空中广场。

在 BIG，我们称这一过程为叙事性设计（Narrative Design）。但首先，我们必须说明一下与它相对的"设计叙事"（Design Narrative）。设计叙事是设计师用来向其他人解释自己想法的工具。在通常情况下，它是通过隐喻和后期合理化对已经做过的事情进行的追溯性解释，在设计过程结束后，才能创造设计叙事。与设计叙事相反，叙事性设计是一种以叙事为管理工具来明确设计以及指导设计的价值、原则和理念的过程。通过初步确定项目的全部内容——问题和潜力是什么，设计师要解决哪些冲突、争议——我们会创建一种开展项目的方法或纲要。然后，我们才开始设计，由多位设计师为不同的想法塑造形式。每一个团队成员都有权赋形，不过，一旦我们会面并决定进一步研究哪些方面需要改进和组合、哪些方面需要留待修改，彼此复述设计背后的故事，叙事便会成形。

叙事塑造了提案，提案反过来又重塑了叙事。在这个共同进化的过程中，叙事与设计逐渐演变。一旦到了向第三方讲述故事的时候，我们就不必从头开始创造了——故事已经存在于设计的基因之中，反之亦然。

建筑是一种创造性的艺术形式，受到多重因素的制约，如重力、功能、程序、可达性、安全性、土地用途管制、法律、气候、环境、文化、材料和经济。实现一个项目需要数年时间，花费数百万甚至数十亿美元才能完成。即使它的背后往往有一个明确的人承担着主要的创作责任，但它也始终是数十人、数百人，甚至数千人协同工作的成果。这与将长篇小说拍成电影或电视剧非常相似。

因此，我一直对电影非常着迷——电影剧本创作的规律、制作设计的美学，以及导演的艺术。当设计师谈及空间时，最丰富的文化参考资源之一就是电影。而就像现实往往模仿艺术一样，有时候艺术也需要现实的支持。与拉斯·冯·提尔（Lars von Trier）合作，我们完成了探索冰冻人体形式的恐怖构造学的挑战。而丽莎·乔伊（Lisa Joy）和乔纳·诺兰（Jonah Nolan）则邀请我们一起想象一个看似合理的未来会是什么样子。

杰克建造的房子

丹麦电影导演拉斯·冯·提尔因与其他人共同发起"道格玛95电影运动"而出名。在他的带领下，丹麦电影重新燃起了复兴之火。提尔是一个颇具争议的导演，这一点从他执导的电影的名字《反基督者》《忧郁症》《女性瘾者》便可见一斑。他的制片人打电话给我，说拉斯想见我，因为他正在导演一部关于杀人狂的电影，需要一位建筑师的帮助，使电影中的同名场景——杰克建造的房子——看起来更加真实可信。

剧透预警！

为了在影片的结尾引发一个但丁式的转折，他需要主角用冰冻的尸体建造一栋房子，一栋近似于小孩子概念中的房子，古老而符号化。房子既要像匆忙之中建造的一样，又要具有恐怖、真实的建筑视觉观感。

路易斯·康（Louis Kahn）有一句名言提醒了我们："重要的是，你要尊重你使用的材料……'你想成为什么，砖头？'砖头对你说：'我想成为拱门。'"现在轮到我们问了："你想成为什么，僵尸？"

我们能想到的最适合的建筑类型是来自丹麦乡村的传统木结构房屋——一个用木制框架形成的、以干草和黏土填充的受力骨架。在这个案例中，受力图是用人体轮廓绘制的。我们以1：50的比例选取了60个（受害者数量）人体模型建造房屋。纯白色模型与带有大理石雕塑的墓穴和寺庙相似，美得惊人，让人忘记了恐惧。但是当我们用BIG团队成员身体的真实的3D扫描图像制作模型后，滑稽的动作就显现出哥特式的感觉。拉斯很高兴。接下来，仅剩的问题是如何获得这些建筑模块。

64个身体的扫描图像

前立面

侧立面

0 0.25 0.5   1   2M

西部世界

　　自从 2000 年看了乔纳·诺兰和他的兄弟克里斯托弗·诺兰（Christopher Nolan）创作的《记忆碎片》（*Memento*）后，我就一直在关注乔纳的作品和写作。这是一个关于电影的拓扑结构如何通过反向叙事让观众与患有"短期记忆丧失症"的主角产生共鸣的模型。最近，乔纳与他的生活和电影伴侣丽莎·乔伊（Lisa Joy）的合作也令我着迷。我小时候就看过克莱顿的《西部世界》（*West World*），当时我很难想象如何才能把它变成一个有意义的当代故事。结果，我大错特错了。诺兰夫妇不是要制作一部机器人版的侏罗纪公园，而是让我们对人工智能和有感知能力的机器人主角产生共鸣。在前两季的剧情里，我们通过机器人自己的视角见证了一个新物种的诞生。一个共同的朋友介绍我们认识，于是我和诺兰夫妇成了朋友。当时，他们正在考虑第三季的拍摄，在第三季中，他们要展现 21 世纪末的未来。《西部世界》第三季于 2019 年在洛杉矶开拍——电影《银翼杀手》（*Blade Runner*）正是以 2019 年的洛杉矶为故事背景，但事实证明，2019 年的洛杉矶并不像《银翼杀手》中所描绘的那样。诺兰夫妇邀请我们帮助他们描绘未来的景象，于是我们分享了 BIG 与奥迪、丰田、Biomega（高端自行车制造商）、谷歌和维珍超级高铁在城市交通方面所做的工作。出行即服务（MaaS）以及个人出行的多模式形式将被更适合居住和步行的公共空间取代。减少以汽车为主导的街道将为社会生活和绿色景观让出空间。我们指出，新加坡是一个迷人的地方，在那里，皮拉内西式的三维城市环境将依法确保公园和植物贯穿城市的垂直空间。当时我正住在巴塞罗那，便把诺兰一家介绍给了我们的朋友里卡多·波菲尔（Ricardo Bofill），还介绍了他那不可思议的家——一个由水泥厂改造的亲近自然的"宫殿"。最后，我们打开了 3D 档案，让诺兰一家从我们未实现的设计中挑选，以帮助他们填充洛杉矶的未来全景——现实世界中没有实现的项目变成了虚拟世界中的场景。结果，他们创造了一个令人极为信服的未来景象。相对于当今政治语境中过于简单化和两极分化的世界，他们呈现了一个令人耳目一新的复杂而矛盾的世界。在这个世界中，反乌托邦和乌托邦、英雄和反派在审美和道德上都很难区分。

HBO

HBO

FORMGIVING
AT DAC
赋形未来展览

RASMUS HJORTSHØJ

RASMUS HJORTSHØJ

RASMUS HJORTSHØJ

RASMUS HJORTSHØJ

BIG OVERVIEW
项目团队概览

哥本山

项目地点：
丹麦，哥本哈根

设计年份： 2010

建成年份： 2019

项目规模：
41 000平方米

客户： Amager Resource Center, Fonden Amager Bakke

项目类型： 工业，文化

主创合伙人： Bjarke Ingels, David Zahle, Jakob Lange, Brian Yang
项目经理： Jesper Boye Andersen, Claus Hermansen
项目建筑师： Nanna Gyldholm Møller

团队成员： Adam Mahfudh, Alberto Cumerlato, Aleksander Wadas, Alexander Codda, Alexander Ejsing, Alexandra Gustafsson, Alina Tamosiunaite, Armor Gutierrez, Anders Hjortnæs, Andreas Klok Pedersen, Annette Jensen, Ariel Wallner, Ask Andersen, Balaj Ilulian, Blake Smith, Borko Nikolic, Brygida Zawadzka, Buster Christensen, Casey Tucker, Chris Falla, Chris Zhongtian Yuan, Daniel Selensky, Denni Rasmussen, Espen Vik, Finn Nørkjær, Franck Fdida, Gonzalo Castro, Gül Ertekin, George Abraham, Helen Chen, Henrick Poulsen, Henrik Rømer Kania, Horia Spirescu, Jakob Ohm Laursen, Jean Strandholt, Jelena Vucic, Jeppe Ecklon, Ji-young Yoon, Jing Xu, Joanna Jakubowska, Johanna Nenander, Kamila Heskje, Kasper Worsøe Pejtersen, Katarzyna Siedlecka, Krzysztof Marciszewski, Laura Wätte, Liang Wang, Lise Jessen, Long Zuo, Maciej Zawadzki, Mads Enggaard Stidsen, Marcelina Kolasinska, Marcos Bano, Maren Allen, Mathias Bank, Matthias Larsen, Matti Nørgaard, Michael Andersen, Narisara Ladawal Schröder, Niklas A.Rasch, Nynne Madsen, Øssur Nolsø, Pero Vukovic, Richard Howis, Ryohei Koike, Sébastian Liszka, Se Hyeon Kim, Simon Masson, Sunming Lee, Toni Mateu, Xing Xiong, Zoltan David Kalaszi, Tore Banke, Yehezkiel Wiliardy

扭桥博物馆

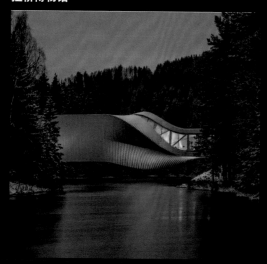

项目地点：
挪威，耶夫纳克尔

设计年份： 2011

完工年份： 2019

项目规模： 1000平方米

客户： Kistefos Museum

项目类型： 文化

主创合伙人： Bjarke Ingels, David Zahle, Brian Yang
项目主管： Eva Seo-Andersen
项目建筑师： Mikkel Marcker Stubgaard
项目设计师： Carlos Ramos Tenori

团队成员： Aime Desert, Alberto Menegazzo, Aleksandra Domian, Aleksandra Sobczyk, Alessandro Zanini, Alina Tamosiunaite, Andre Zanolla, Balaj Alin Ilulian, Brage Mæhle Hult, Carlos Ramos Tenorio, Carlos Suriñach, Casey Tucker, Cat Huang, Channam Lei, Christian Dahl, Christian Eugenius Kuczynski, Claus Rytter Bruun de Neergaard, Dag Præstegaard, David Tao, Edda Steingrimsdottir, Espen Vik, Finn Nørkjær, Frederik Lyng, Jakob Lange, Joanna M. Lesna, Kamilla Heskje, Katrine Juul, Kei Atsumi, Kristoffer Negendahl, Lone Fenger Albrechtsen, Mads Mathias Pedersen, Mael Barbe, Marcelina Kolasinska, Martino Hutz, Matteo Dragone, Naysan John Foroudi, Nick Huizenga, Nobert Nadudvari, Ovidiu Munteanu, Rasmus Rosenblad, Richard Mui, Rihards Dzelme, Roberto Fabbri, Ryohei Koike, Sofia Rokmaniko, Sunwoong Choi, Tiina Liisa Juuti, Tomas Ramstrand, Tore Banke, Tyrone Cobcroft, Xin Chen

超级高铁

项目地点： 阿联酋，迪拜

设计年份： 2016

项目规模： 140千米

客户：
Virgin Hyperloop One

项目类型： 都市化

主创合伙人： Bjarke Ingels, Jakob Lange
项目主管： Sören Grünert

团队成员： Adi Krainer, Ashton Stare, Cheyenne Vandevoorde, Cristian Lera, Daniele Pronesti, Derek Wong, Domenic Schmid, Erik Berg Kreider, Evan Wiskup, Francesca Portesine, Hugo Soo, Kristian Hindsberg, Lam Le Nguyen, Lasse Kristensen, Linda Halim, Maureen Rahman, Ovidiu Munteanu, Pei Pei Yang, Ryan Duval, Stephen Steckel, Terrence Chew, Thomas Christoffersen, Tore Banke, Veronica Moretti, Yehezkiel Wiliardy

城市动脉

项目地点：
阿联酋，阿布扎比

设计年份： 2017

项目规模：
29 000平方米

客户：
Abudhabi Capital Group, Imkan

项目类型： 文化

主创合伙人： Bjarke Ingels, Jakob Lange, Finn Nørkjær
项目主管： Dimitrie Grigorescu, Lucian Racovitan, Tomas Ramstrand
项目经理： Anders Kofod
项目建筑师： Alberto Menegazzo

团队成员： Dominic James Black, Allen Dennis Shakir, Steen Kortbæk Svendsen, Damiano Mazzocchini, Roberto Fabbri, Andrea Terceros, Stefan Plugaru, David Vega Y Rojo, Matthew McCluskey, Kristoffer Negendahl, Tore Banke, Yasmina Yehia, Shaojun Zheng, Pawel Bussold, Carmelo Gagliano, Anna Odulinska, Vejlko Mladenovic, Anastasia Voutsa, Paula Madrid, Miguel Rebelo, Teodor Fratila, David Verbeek, Ulrik Montnemery, Ksymena Borczynska

BIG U防护性景观规划

项目地点：
美国，曼哈顿下城.

设计年份： 2013

完工年份： 2026

项目规模： 16千米

客户： United States
Department of Housing
and Urban Development

项目类型： 城市化

主创合伙人： Bjarke Ingels, Kai-Uwe Bergmann, Thomas
Christofferson
项目主管： Jeremy Alain Siegel, Daniel Kidd

团队成员： Kurt Nieminen, Dammy Lee, Yifu Sun, Jack Lipson,
David Spittler, Blake Smith, David Dottelonde, Ken Amoah,
Choonghyo Lee, Wesley Chiang, Daisy Zhong, Hector Garcia,
Yaziel Juarbe, Taylor Hewett

丰田编织之城

项目地点：
日本，静冈，裾野

设计年份： 2019

项目规模：
708 200 平方米

客户： Toyota Motor
Corporation+Kaleidoscope
Creative

项目类型： 都市化

主创合伙人： Bjarke Ingels, Leon Rost
项目经理： Yu Inamoto
项目主管： Giulia Frittoli

团队成员： Agla Egilsdottir, Alvaro Velosa, Brian Zhang,
Fernando Longhi, Jennifer Son, John Hein, Joseph Baisch,
Mai Lee, Margherita Gistri, Minjung Ku, Nicolas Lapierre, Peter
Sepassi, Raven Xu, Samantha Okolita, Shane Dalke, Thomas
McMurtrie, Yi Lun Yang, Nasiq Kahn, Jeffrey Shumaker
效果图制作： Squint Opera

爱彼博物馆

项目地点：
瑞士，布拉苏丝

设计年份： 2013

完工年份： 2020

项目规模： 3000平方米

客户： Audemars Piguet

项目类型： 文化

主创合伙人： Bjarke Ingels, Thomas
Christoffersen, Daniel Sundlin, Beat Schenk
项目主管团队： Rune Hansen （项目经理），
Simon Scheller （项目经理），Matthew
Oravec （项目建筑师），Otilia Pupezeanu （项
目设计师），Ji-Young Yoon （概念设计）

团队成员： Adrien Mans, Alessandra Peracin, Ashton Stare,
Blake Theodore Smith, Claire Thomas, Dammy Lee, Eva
Maria Mikkelsen, Evan Wiskup, Høgni Laksafoss, Iva Ulam,
Jan Casimir, Jason Wu, Julien Beauchamp-Roy, Kristian
Hindsberg, Marcin Fejcak, Marie Lancon, Maureen Rahman,
Maxime Le Droupeet, Natalie Kwee, Pascal Loschetter,
Pierre Goete Teodor Javanaud Emden, Tore Bank, Ute
Rinnebach, Veronica Lalli, Vivien Cheng, Yaziel Juarbe

爱彼钟表酒店

项目地点：
瑞士，布拉苏丝

设计年份： 2018

完工年份： 2021

项目规模： 7000平方米

客户： Audemars Piguet

项目类型： 商业

主创合伙人： Bjarke Ingels, Thomas Christoffersen,
Daniel Sundlin, Beat Schenk
项目经理： Simon Scheller
项目建筑师： Matthew Oravec, Stephanie Choi, Lou
Arencibia, Manon Otto （景观）
项目设计师： Otilia Pupezeanu, Pantea Tehrani （室
内设计）

团队成员： Aaron Mark, Amro Abdelsalam, Aurelie Frolet, Casey
Tucker, Catalina Rivera, Claire Thomas, Claire Wadey, Deborah
Campbell, Ethan Duffey, Eva Maria Mikkelsen, Evan Wiskup, Francesca
Portesine, Gaurav Janey, Haochen Yu, Ibrahim Salman, Il Hwan
Kim, Jan Leenknegt, Jason Wu, Ji-Young Yoon, Josiah Poland, Ku
Hun Chung, Lu Zhang, Malcolm Rondell Galang, Martynas Norvila,
Melissa Jones, Morgan Mangelsen, Nicolas Gustin, Nicolas Lapierre,
Pascal Loschetter, Pierre Goete Teodor Javanaud Emden, Rasmus
Streboel, Rune Hansen, Seth Byrum, Shidi Fu, Sijia Zhou, Supakrit
Wongviboonsin, Terrence Chew, Tracy Sodder, Xinyu Wang

TELUS天空塔

项目地点：
加拿大，卡尔加里

设计年份： 2013

完工年份： 2020

项目规模： 70 725平方米

客户： Westbank Projects
Corp, Telus, Allied
Development Corp.

项目类型： 商业

主创合伙人： Bjarke Ingels, Thomas Christoffersen
项目经理： Christopher White, Carl MacDonald
项目建筑师： Stephanie Choi, Michael Zhang
项目设计师： Iannis Kandyliaris

团队成员： Alex Wu, Barbora Srpkova, Beat Schenk, Benjamin
Caldwell, Benjamin Johnson, Brian Rome, Bryan Hardin,
Carolien Schippers, Choonghyo Lee, Chris Gotfredsen, Daisy
Zhong, David Spittler, Davide Maggio, Deborah Campbell,
Dennis Harvey, Douglas Alligood, Elena Bresciani, Florencia
Kratsman, Gaurav Janey, Haoyue Wang, Ho Kyung Lee, Iris
van der Heide, Isshin Morimoto, Ivy Hume, Jakob Lange,
Jan Leenknegt, Jennifer Phan, Julie Kaufman, Justyna
Mydlak, Ku Hun Chung, Manon Gicquel, Mateusz Rek, Maya
Shopova, Megan van Artsdalen, Michael Zhang, Mike Evola,
Peter Lee, Quentin Stanton, Sun Yifu, Tara Hagan, Terry
Lallak, Tianqi Zhang, Yaziel Juarbe, Yoanna Shivarova
Project Leader, Interiors: Francesca Portesine
Team, Interiors: Agne Rapkeviciute, Christopher White, Cristian
Lera, Jack Lipson, John Kim, Lina Bondarenko, Nicholas Coffee

BIG

OMNITURM大厦

项目地点:
德国，法兰克福

设计年份: 2015

完工年份: 2020

项目规模: 70 000平方米

客户: Commerz Real AG

项目类型: 商业

主创合伙人: Bjarke Ingels, Andreas Klok Pedersen, Finn Nørkjær
项目经理: Jörn Hendrik Fischer
项目建筑师: Dominic James Black
项目主管: Lorenzo Boddi

团队成员: David Verbeek, Günther Weber, Helen Chen, Joanna Gajda, Joseph James Haberl, Lukas Kerner, Maria Teresa Fernandez Rojo, Natalie Isabel Stachnik, Nicolas Millot, Sabine Kokina, Thomas Sebastian Krall, Viktoria Millentrup, Yan Ma, Emily King, Enea Michelesio, Gabrielė Ubarevičiūtė, Giedrius Mamavicius, Jesper Boye Andersen, Jakob Lange, Joanna Jakubowska, Katarzyna Joanna Piekarczyk, Julieta Muzillo, Lorenzo Boddi, Lucas Carriere, Lucian Tofan, Max Aldunate Reitour, Raphael Ciriani, Sabine Kokina, Tore Banke, Yannick Macken, Vinish Sethi

大理石学院教堂塔楼

项目地点: 美国，纽约

设计年份: 2016

项目规模: 72 557平方米

客户: HFZ Capital Group

项目类型: 商业

主创合伙人: Bjarke Ingels, Thomas Christoffersen
项目建筑师: Youngjin Yoon
项目设计师: Doug Stechschulte
项目经理: Elizabeth McDonald

团队成员: Agne Rapkeviciute, Alan Tansey, Amir Mikhaeil, Anton Bashkaev, Armen Menendian, Ashton Stare, Barbara Stallone, Beat Schenk, Bell Cai, Benjamin Caldwell, Benjamin Novacinski, Casey Tucker, Christopher White, Christopher Tron, Cristian Lera, Deborah Campbell, Douglass Alligood, Elizaveta Sudravskaya, Emily Mohr, Filippo Cioffi, Francesca Portesine, Gaurav Sardana, Giulia Chagas, Isela Liu, James Babin, Jan Leenknegt, Jeff Bourke, Jeremy Babel, Juan David Ramirez, Julie Kaufman, Kam Chi Cheng, Kelly Neill, Ku Hun Chung, Lam Le Nguyen, Linda Halim, Ma Ning, Mackenzie Keith, Manon Otto, Margaret Tyrpa, Margherita Gistri, Michael Zhang, Neha Sadruddin, Nicholas Potts, Oliver Thomas, Pabi Lee, Pantea Tehrani, Rasmus Streboel, Rita Sio, Seo Young Shin, Seth Byrum, Sidonie Muller, Simon Lee, Stephanie Hui, Terrence Chew, Tianqi Zhang, Tracy Sodder, Yerin Won, Yiwei Li, Zhonghan, Sean O'Brien, Joanne Chen, Kayeon Lee Huang
模型制作: Margherita Gistri, Yerin Won

联合中心

项目地点:
加拿大，多伦多

设计年份: 2017

项目规模:
118 707 平方米

客户: Westbank,Allied Development

项目类型: 混合用途

主创合伙人: Bjarke Ingels, Thomas Christoffersen, Martin Voelkle, Agustin Perez-Torres
项目主管: Fabian Lorenz, Andreas Buettner

团队成员: Kurt Nieminen, Ace Nguyen, Andreas Bak, Ashton Stare, Chiayu Liu, Doug Stechschulte, Elias Brulin, Emmett Walker, Fabian Lorenz, Filippo Cioffi, Florencia Kratsman, Gabriel Jewell-Vitale, Gary Polk, Jonathan Steffen Hein, Julian Andres Ocampo Salazar, Kam Chi Cheng, Kristoffer Negendahl, Maxwell Moriyama, Oliver Thomas, Phawin Siripong, Sijia Zhou, Terrence Chew, Tingting Lyu, Tracy Sodder, Valerie Derome-Masse, Veronica Acosta, Veronica Watson; Model: Izabela Banas, Mai Lee, James Caruso, Walid Bhatt, Carlos Castillo

THE XI酒店

项目地点: 美国，纽约

设计年份: 2016

完工年份: 2020

项目规模: 83 000平方米

客户: 76 Eleventh Property Owner, LLC

项目类型: 混合用途

主创合伙人: Bjarke Ingels, Thomas Christoffersen, Beat Schenk
项目建筑师: Andreas Buettner
项目设计师: Doug Stechschulte

团队成员: Agne Rapkeviciute, Alana Goldweit, Ali Chen, Amir Mikhaeil, Benjamin Caldwell, Christopher David White, Christopher Farmer, Daniella Eskildsen, Deborah Campbell, Douglass Alligood, Francis Fontaine, Hector Romero, Hung Kai Liao, Jan Leenknegt, Ji-Young Yoon, Juan David Ramirez, Justyna Mydlak, Lasse Kristensen, Marcus Kujala, Margaret Tyrpa, Mateusz Wieckowski-Gawron, Maureen Rahman, Nicolas Gustin, Pauline Lavie, Rune Wriedt, Veronica Moretti, Youngjin Yoon
效果图制作: DBOX

深圳能源集团总部大厦

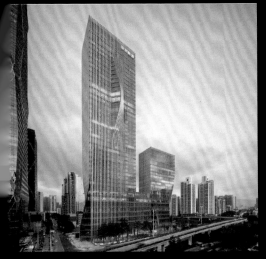

项目地点： 中国，深圳

设计年份： 2010

完工年份： 2018

项目规模： 96 000 平方米

客户： 深圳能源公司

项目类型： 商业

主创合伙人： Bjarke Ingels, Andreas Klok Pedersen

项目主管： Catherine Huang, Song He, Andre Schmidt

项目经理： Martin Voelkle

团队成员： Alessio Zenaro, Alina Tamosiunaite, Alysen Hiller, Ana Merino, Andreas Geisler Johansen, Annette Jensen, Armor Rivas, Balaj Iulian, Brian Yang, Baptiste Blot, Buster Christiansen, Cecilia Ho, Christian Alvarez, Christin Svensson, Claudia Hertrich, Claudio Moretti, Cory Mattheis, Dave Brown, Dennis Rasmussen, Doug Stechschulte, Eskild Nordbud, Felicia Guldberg, Fred Zhou, Gaetan Brunet, Gül Ertekin, Henrik Kania, James Schrader, Jan Magasanik, Jan Borgstrøm, Jeppe Ecklon, Jelena Vucic, João Albuquerque, Jonas Mønster, Karsten Hansen, Malte Kloe, Mikkel Marcker Stubgaard, Michael Andersen, Michal Kristof, Min Ter Lim, Oana Simionescu, Nicklas A. Rasch, Philip Sima, Rasmus Pedersen, Rune Hansen, Rui Huang, Sofia Gaspar, Stanley Lung, Sun Ming Lee, Takuya Hosokai, Todd Bennett, Xi Chen, Xing Xiong, Xiao Lu, Xu Li, Yijie Dan, Zoltan Kalaszi, Alex Cozma, Kuba Snopek, Fan Zhang, Flavien Menu

蜂巢住宅和奥尔巴尼录音室

项目地点： 巴哈马，拿索

设计年份： 2013

完工年份： 2018

项目规模： 21 000 平方米

客户： Tavistock Group

项目类型： 混合用途

主创合伙人： Bjarke Ingels, Thomas Christoffersen, Beat Schenk

项目经理： Sören Grünert

项目建筑师： Brian Foster, Yu Inamoto, Daniel Jackson Kidd, Tran Le

团队成员： Amina Blacksher, Benzi Rodman, Brandon Cook, David Spittler, Hsiao Rou Huang, Jakob Lange, Jan Leenknegt, Jennifer Phan, Jennifer Shen, Karen Shiue, Ku Hun Chung, Lujac Desautel, Raphael Ciriani, Romea Muryn, Seth Byrum, Terry Lallak, Tianqi Zhang, Tran Le, Aran Coakley, Brian Foster, Hung Kai Liao, Jan Casimir, Jennifer Phan, Lam Le Nguyen, Maki Matsubayashi, Nicholas Coffee, Santtu Hyvarinen, Wojciech Swarowski, Zhonghan Huang

LYCIUM博物馆

项目地点： 丹麦，凡岛

设计年份： 2016

项目规模： 1100平方米

客户： Steen Lassen

项目类型： 文化

主创合伙人： Bjarke Ingels, David Zahle

团队成员： Gabriele Ubareviciute, Lina Bondarenko, Lucian Racovitan, Michael Kepke, Nina Vuga, Ole Elkjær-Larsen, Alessandro Zanini, Andreas Klok Pedersen, Annette Birthe Jensen, Geet Gawri, Giedrius Mamavicius, Kristoffer Negendahl, Lina Bondarenko, Tore Banke

温哥华一号公馆

项目地点：
加拿大，温哥华

设计年份： 2011

完工年份： 2020

项目规模： 60 600平方米

客户： Westbank

项目类型： 住宅

主创合伙人： Bjarke Ingels, Thomas Christoffersen, Beat Schenk

项目主管： Agustín Pérez-Torres

项目经理： Carl MacDonald, Melissa Bauld

团队成员： Aaron Mark, Alan Tansey, Alex Wu, Alexandra Gustafsson, Alina Tamosiunaite, Amina Blacksher, Aran Coakley, Arash Adel Ahmadian, Armen Menendian, Barbora Srpkova, Ben Zunkeler, Benjamin Caldwell, Benjamin Novacinski, Bennett Gale, Birk Daugaard, Blake Theodore Smith, Brian Foster, Brian Rome, Carolien Schippers, Christopher James Malcolm Jr., Christopher Junkin, Christopher Tron, David Brown, David Dottelonde, Deborah Campbell, Doug Stechschulte, Douglass Alligood, Edward Yung, Elena Bresciani, Filip Milovanovic, Francesca Portesine, Gabriel Hernandez Solano, Gabriel Jowell-Vitale, Hector Garcia, Ivy Hume, Jan Leenknegt, Janice Rim, John Kim, Josiah Poland, Julian Liang, Julianne Gola, Julie Kaufman, Karol Bogdan Borkowski, Kurt Nieminen, Lauren Turner, Lorenz Krisai, Lucio Santos, Marcella Martinez, Martin Voelkle, Matthew Dlugosz, Megan Ng, Michael Robert Taylor, Otilia Pupezeanu, Paula Domka, Phillip MacDougall, Ryan Yang, Sean Franklin, Sebastian Grogaard, Simon Scheller, Spencer Hayden, Taylor Fulton, Terrence Chew, Terry Lallak, Thomas Smith, Tianqi Zhang, Tobias Hjortdal, Tran Le, Valentina Mele, Xinyu Wang, Yaziel Juarbe, Yoanna Shivarova, Zach Walters, Zhifei Xu, Fabian Lorenz, Shu Zhao, Ryan Duval, Alejandra Cortes, Bryan Hardin Corliss Ng, Cristina Medina-Gonzalez, Erik Berg Kreider, Florencia Kratsman, Joshua Woo, Kelly Neill, Elnaz Rafati, Michael Evola, Ema Bakalova, Jonas Swienty Andresen, Melissa Jones

格陵兰岛国家体育场

项目地点:
丹麦，格陵兰岛

设计年份: 2016

项目规模: 34 600平方米

客户: Bendix Consult

项目类型: 文化

主创合伙人: Bjarke Ingels, David Zahle, Andreas Klok Pedersen
项目主管: Allen Shakir, Jakob Henke

团队成员: Åsmund Skeie, Ivan Genov, Yannick Macken, Daniel Selensky, Ji Young-Yoon, Gul Ertekin, Aleksander Tokarz, Alessio Zenaro, Johan Cool, Nicklas Antoni Rasch;
模型制作: Robert Bichlmaier

伊森伯格管理学院

项目地点:
美国，阿默斯特

设计年份: 2016

完工年份: 2019

项目规模: 6500平方米

客户: University Of Massachusetts Building Authority

项目类型: 教育

主创合伙人: Bjarke Ingels, Thomas Christoffersen, Beat Schenk, Daniel Sundlin
项目主管: Yu Inamoto, Pauline Lavie-Luong, Hung Kai Liao
团队成员: Alice Cladet, Amina Blacksher, Barbara Stallone, Cheyenne Vandevoorde, Daniel Kidd, Davide Maggio, Deborah Campbell, Denys Kozak, Derek Wong, Domenic Schmid, Douglass Alligood, Elena Bresciani, Emily Mohr, Fabian Lorenz, Francesca Portesine, ibrahim Salman, Jan Leenknegt, Justyna Mydlak, Kai-Uwe Bergmann, Ku Hun Chung, Linda Halim, Lucas Hong, Manon Otto, Maria Eugenia Dominguez, Mustafa Khan, Nicolas Gustin, Pei Pei Yang, Peter Lee, Seoyoung Shin, Simon Lee, Terrence Chew, Tianqi Zhang, Yixin Li
概念设计: Tore Banke, Yehezkiel Wiliardy, Kristoffer Negendahl

TIRPITZ博物馆

项目地点:
丹麦，布拉万德

设计年份: 2012

完工年份: 2017

项目规模: 2850平方米

客户: Vardemuseerne

项目类型: 文化

主创合伙人: Bjarke Ingels, Finn Norkjaer
项目主管，概念: Brian Yang
项目主管，详细设计: Frederik Lyng
项目经理: Ole Elkjær-Larsen

团队成员: David Zahle, Andreas K. Pedersen, Snorre Emanuel Nash Jørgensen, Michael Andersen, Hugo Soo, Marcella Martinez, Geoffrey Eberle, Adam Busko, Hanna Johansson, Jakob Andreassen, Charlotte Cocco, Mikkel Marcker Stubgaard, Michael Schønemann Jensen, Alejandro Mata Gonzales, Kyle Thomas David Tousant, Jesper Boye Andersen, Alberte Danvig, Jan Magasanik, Enea Michelesio, Alina Tamosiunaite, Ryohei Koike, Brigitta Gulyás, Katarzyna Krystyna Siedlecka, Andrea Scalco, Tobias Hjortdal, Maria Teresa Fernandez Rojo
概念设计: Jakob Lange, Tore Banke, Yehezkiel Wiliardy, Kristoffer Negendahl

老佛爷百货香榭丽舍旗舰店

项目地点: 法国，巴黎

设计年份: 2015

完工年份: 2019

项目规模: 6800平方米

客户: Groupe Galeries Lafayette

项目类型: 商业

主创合伙人: Bjarke Ingels, Jakob Sand
项目经理: Karim Muallem, Gabrielle Nadeau
项目主管: Karim Muallem, Gabrielle Nadeau, Xavier Delanoue, Francesca Portesine, Pauline Lavie-Luong

团队成员: Agla Sigridur Egilsdottir, Alvaro Maestro García, Amro Abdelsalam, Anis Souissi, Anna Juzak, Aurelie Frolet, Catalina Rivera, Christian Lopez, Clementine Huck, Dimitrie Grigorescu, Emily Pickett, Emine Halefoglu, Enea Michelesio, Ethan Duffey, Étienne Duval, Filip Milovanovic, Francisco Javier Sarria Salazar, Gerhard Pfeiler, Hugo Yun Tong Soo, Hye-Min Cha, Jakob Lange, Janie Green, Joanna M. Lesna, José Carlos de Silva, Katarzyna Swiderska, Laurent de Carnière, Lucas Stein, Lucian Racovitan, Malgorzata Mutkowska, Marie Lancon, Miguel Rebelo, Monika Dauksaite, Paula Domka, Philip Rufus Knauf, Quentin Blasing, Rahul Girish, Ramona Montecillo, Raphael Ciriani, Sergi Sauras i Collado, Stefano Zugno, Taylor Fulton, Terrence Chew, Thomas Sebastian Krall, Thomas Smith, Tomas Karl Ramstrand, Tracy Sodder, Yesul Cho

微笑住宅

项目地点： 美国，纽约

设计年份： 2013

完工年份： 2020

项目规模： 25 600平方米

客户： Blumenfeld Development Group

项目类型： 住宅

主创合伙人： Bjarke Ingels, Thomas Christoffersen, Beat Schenk, Kai-Uwe Bergmann
项目主管： Michelle Stromsta, Lucio Santos
项目主管，室内设计： Francesca Portesine, Rita Sio

团队成员： Adrien Mans, Agne Rapkeviciute, Annette Miller, Ava Nourbaran, Ben Caldwell, Benjamin DiNapoli, Chi Chi Lin, Daniele Pronesti, Deborah Campbell, Dennis Harvey, Douglass Alligood, Elena Bresciani, Eva Maria Mikkelsen, Everald Colas, Gabriel Hernandez Solano, Iannis Kandyliaris, Jan Leenknegt, Jennifer Ng, Jennifer Phan, Jennifer Wood, Jeremy Babel, John Kim, Jose Jimenez, Julie Kaufman, Julien Beauchamp-Roy, Kurt Nieminen, Lina Bondarenko, Mark Rakhmanov, Quentin Stanton, Sarah Habib, Taylor Fulton, Terrence Chew, Terry Lallak, Valentina Mele, Wells Barber, Wojciech Swarowski, Yaziel Juarbe, Yoanna Shivarova

TRANSITLAGER仓库改造

项目地点： 瑞士，巴塞尔

设计年份： 2011

完工年份： 2017

项目规模： 30 000平方米

客户： Nüesch Development Ag, Ubs Fund Management, Christoph Merian Stiftung

项目类型： 住宅

主创合伙人： Bjarke Ingels, Andreas Klok Pedersen, Finn Nørkjær
项目主管： Jakob Henke

团队成员： Agnete Jukneviciute, Alexandra Gustaffson, Andreas Johansen, Annette Jensen, Barbara Srpkova, Buster Christensen, Camila Stadler, Dennis Rasmussen, Dominic Black, Enea Michelesio, Erik de Haan, Gül Ertekin, Franck Fdida, Helen Chen, Ioannis Gio, Jan Magasanik, Jesper Andersen, Lorenzo Boddi, Marcelina Kolasinska, Teresa Fernandez, Martin Voelkle, Miao Zhang, Michael Schønemann, Mikkel Marcker Stubgaard, Ole Elkjær-Larsen, Ricardo Palma, Ryohei Koike, Sergiu Calacean, Tobias Hjortdal

3 XEMENEIES蒸汽发电厂改造

项目地点： 西班牙，巴塞罗那

设计年份： 2018

项目规模： 60 000平方米

客户： Metrovacesa, Endesa

项目类型： 混合用途

主创合伙人： Bjarke Ingels, Thomas Christoffersen, Beat Schenk, Kai-Uwe Bergmann

团队成员： Maria Sole Bravo, Carlos Suriñach, Marcos Anton Banon, Wei Lesley Yang, Tomás Rosselló Barros, Edda Steingrimsdottir, Florencia Kratsman, Adrianna Karnaszewska

圣培露旗舰工厂

项目地点： 意大利，圣佩莱格里诺特尔梅

设计年份： 2016

完工年份： 2021

项目规模： 16 300平方米

客户： Sanpellegrino S.P.A.

项目类型： 商业

主创合伙人： Bjarke Ingels, Thomas Christoffersen
项目主管： Jelena Vucic
项目经理： Simon Scheller, Vincenzo Polsinelli
项目建筑师： Giulio Rigoni

团队成员： Christopher Tron, Benson Chien, Ma Ning, Nicole Passarella, Kurt Nieminen, Nicholas Reddon, Lorenz Krisai, Hsiao Rou Huang, Santtu Hyvarinen, Stephanie Hui, Armen Menendian, Yang Yang Chen, Stephen Steckel, Derek Wong, Terrence Chew, Edda Steingrimsdottir, Fabian Lorenz, Christian Salkeld, Wells Barber, Jan Leenknegt, Josiah Poland, Veronica Moretti, Julie Kaufman, Fernando Longhi Pereira da Silva, Ava Nourbaran, Aslan Taheri, Gabriella Den Elzen, Benjamin Caldwell, Danna Lei, Megan Van Artsdalen, Veronica Acosta, Lawrence Olivier Mahadoo, Melissa Jones, Maria Eugenia Dominguez, Tracy Sodder, Amro Abdelsalam, Tianqi Zhang, Jennifer Wood, Sharon Kwan, Kelly Neill, Adi Krainer, Ji-Young Yoon, Gaurav Janey, Francesca Portesine, Ethan Duffey, Deborah Campbell, Maki Matsubayashi, Denys Kozak, Megan Ng, Kevin Pham, Stephen Kwok, Margaret Tyrpa
概念设计： Tore Banke, Yehezkiel Wiliardy, Kristoffer Negendahl

BIG

670 MESQUIT综合体

项目地点： 美国，洛杉矶　　**主创合伙人：** Bjarke Ingels, Thomas Christoffersen

设计年份： 2016　　**项目主管：** Jakob Henke, Sanam Sale

项目规模： 241 500平方米

客户： RCS-VE LLC

项目类型： 文化

团队成员： Juan David Ramirez, Wells Barber, Sijia Zhou, Derek Landon Wong, Mateusz Wieckowski-Gawron, Ella den Elzen, Yixin Li, Lasse Kristensen, Ovidiu Munteanu, Terry Chew

巴黎环形车站

项目地点： 法国，巴黎

设计年份： 2016

完工年份： 2030

项目规模： 10 000平方米

客户： SGP-Société Du Grand Paris

项目类型： 城市化（地铁站）

主创合伙人： Bjarke Ingels, Jakob Sand

项目经理： Robert Grimm

项目建筑师： Michael Leef

团队成员： Andrea Angelo Suardi, Ewa Szajda, Gabrielè Ubareviciutè, Floriane Fol, Giedrius Mamavicius, Jakob Lange, Kristoffer Negendahl, Laurent de Carnière, Malgorzata Mutkowska, Mariana de Soares e Barbieri Cardoso, Matteo Baggiarini, Marie Lancon, Orges Guga, Pascale Julien, Patrice Gruner, Rahul Girish, Santiago Muros Cortes, Tiago Sa, Tore Banke, Vilius Linge, Sara Najar, Francisco Castellanos, Claudia Bertolotti, Filip Rozkowski, Alex Ritivoi

高地学校

项目地点： 美国，弗吉尼亚

设计年份： 2014

完工年份： 2019

项目规模： 16 700平方米

客户： Arlington Public Schools

项目类型： 教育

主创合伙人： Bjarke Ingels, Daniel Sundlin, Beat Schenk, Thomas Christoffersen

项目经理： Aran Coakley, Sean Franklin

项目主管： Tony-Saba Shiber, Ji-Young Yoon, Adam Sheraden

团队成员： Amina Blacksher, Anton Bashkaev, Benjamin Caldwell, Bennett Gale, Benson Chien, Cadence Bayley, Cristian Lera, Daisy Zhong, Deborah Campbell, Douglass Alligood, Elena Bresciani, Elnaz Rafati, Evan Rawn, Francesca Portesine, Ibrahim Salman, Jack Gamboa, Jan Leenknegt, Janice Rim, Jin Xin, Josiah Poland, Julie Kaufman, Kam Chi Cheng, Ku Hun Chung, Margherita Gistri, Maria Sole Bravo, Mark Rakhmanov, Mateusz Rek, Maureen Rahman, Nicholas Potts, Pablo Costa, Ricardo Palma, Robyne Some, Romea Muryn, Saecheol Oh, Seo Young Shin, Seth Byrum Shu Zhao, Sidonie Muller, Simon David, Tammy Teng, Terrence Chew, Valentina Mele, Vincenzo Polsinelli, Zach Walters, Ziad Shehab

奥胡斯海滨住宅

项目地点： 丹麦，奥尔胡斯

设计年份： 2013

完工年份： 2019

项目规模： 26 500平方米

客户： Kilden & Mortensen APS

项目类型： 混合用途

主创合伙人： Bjarke Ingels, Finn Nørkjær, Andreas Klok Pedersen

项目主管： Søren Martinussen

项目经理： Ali Arvanaghi, Jesper Bo Jensen

团队成员： Agne Rapkeviciute, Aaron Hales, Agne Tamasauskaite, Alberte Danvig, Aleksander Wadas, Ana Vindfeldt, Anna Wisborg, Annette Jensen, Ariel Joy Norback Wallner, Brigitta Gulyás, Claes Robert Janson, Enea Michelesio, Frederike Werner, Hsiao Rou Huang, Ioana Fartadi Scurtu, Jacob Lykkefold Aaen, Jakob Lange, Jakob Andreassen, Jakob Ohm Laursen, Jan Magasanik, Jesafa Templo, Jesper Boye Andersen, Kamilla Heskje, Katarina Máckóvá, Katerina Joannides, Katrine Juul, Kekoa Charlot, Kristoffer Negendahl, Lise Jessen, Lucian Racovitan, Lucian Tofan, Roberto Outumuro, Sergiu Calacean, Sofie Maj Sørensen, Spencer Hayden, Teodor Javanaud Emden, Tobias Hjortdal, Tore Banke, Xuefei Yan, Yehezkiel Wiliardy;
模型制作： Ella Murphy, Ricardo Oliveira, Dominiq Oti

CAPITASPRING大厦

项目地点： 新加坡

设计年份： 2015

完工年份： 2021

项目规模： 93 000平方米

客户： Capitaland

项目类型： 商业

主创合伙人： Bjarke Ingels, Brian Yang

项目经理： Eric Li, Günther Weber

项目主管： Gorka Calzada Medina, Martino Hutz, Song He

团队成员： Aime Desert, Aleksander Wadas, Aleksandra Domian, Alessandro Zanini, Andrew Lo, Anke Kristina Schramm, Antonio Sollo, Augusto Lavieri Zamperlini, Bartosz Kobylakiewicz, Dalma Ujvari, David Schwarzman, David Vega y Rojo, Dimitrie Grigorescu, Dina Brændstrup, Dominika Trybe, Elise Cauchard, Eriko Maekawa, Espen Vik, Ewa Szajda, Federica Locati, Filippo Lorenzi, Francisco Castellanos, Frederik Skou Jensen, Gabrielė Ubareviciute, Helen Chen, Hongduo Zhuo, Jacek Baczkowski, Jakob Lange, Jakub Wlodarczyk, Jonas Käckenmester, Julieta Muzzillo, Kirsty Badenoch, Kristoffer Negendahl, Luca Pileri, Luis Torsten Wagenführer, Lukas Kerner, Malgorzata Mutkowska, Maria Teresa Fernandez Rojo, Matilde Tavanti, Moa Carlsson, Nataly Timotheou, Niu Jing, Orges Guga, Patrycja Lyszczyk, Pedro Savio jobim Pinheiro, Philip Rufus Knauf, Praewa Samachai, Qamelliah Nassir, Rahul Girish, Ramon Julio Muros Cortes, Rebecca Carrai, Roberto Fabbri, Ryohei Koike, Samuel Rubio Sanchez, Shuhei Kamiya, Sorcha Burke, Steen Kortbæk Svendsen, Szymon Kolecki, Talia Fatte, Teodor Fratila Cristian, Ulla Hornsyld, Viktoria Millentrup, Vilius Linge, Vinish Sethi, Weijia Lu, Xin Su, Xinying Zhang, Zari van de Merwe, Zhen Tong

概念设计： Tore Banke, Anders Holden Deleuran

郭瓦纳斯金字塔形综合建筑

项目地点： 美国，纽约

设计年份： 2018

项目规模： 78 000平方米

客户： RFR Holding LLC

项目类型： 混合用途

主创合伙人： Bjarke Ingels, Martin Voelkle

项目主管： Shane Dalke

团队成员： Andreas Buettner, Andreea Gulerez, Andrew Hong, Ania Podlaszewska, Bernardo Schuhmacher, Erna Bakalova, Jakob Henke, Jeremy Alain Siegel, Jin Park, Melissa Jones, Nasiq Khan, Ruicong Tang

垂直绿洲

项目地点： 阿联酋，迪拜

设计年份： 2015

项目规模： 80 000平方米

客户： Emaar Properties

项目类型： 观光塔

主创合伙人： Bjarke Ingels, Andreas Klok Pedersen

项目主管： Kristian Hindsberg

团队成员： Santtu Johannes Hyvärinen, Bartosz Kobylakiewicz, Thomas Sebastian Krall, Tomas Karl Ramstrand, Helen Chen, Giedrius Mamavicius, Lorenzo Boddi

迈阿密生产中心

项目地点： 美国，迈阿密

设计年份： 2018

项目规模： 125 000平方米

客户： UIA Management LLC

项目类型： 住宅

主创合伙人： Bjarke Ingels, Agustin Perez Torres, Thomas Christoffersen

项目主管： Sanam Salek, Shane Dalke

团队成员： Agne Rapkeviciute, Chris Tron, Emily Chen, Emine Halefoglu, Karolina Bourou, Kevin Pham, Kig Veerasunthorn, Manon Otto, Matthijs Engele, Phillip MacDougall, Siva Sepehry Nejad, Terrence Chew, Tracy Sodder, Veronica Acosta, Xander Shambaugh, Sanam Salek, Julie Kaufman, Ryan Duval, Thomas Smith, Josiah Poland, Jacob Karasik, Paulina Panus, Taylor Hewett, Ziyu Guo, Alejandra Cortes, Raymond Castro Haochen Yu

概念设计： Tore Banke, Anders Holden Deleuran, Bart Ramakers, Kristoffer Negendahl

拉波特展馆

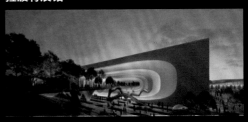

项目地点： 法国，戈内斯

设计年份： 2017

项目规模： 34 000平方米

客户： Europa City, Alliages & Territoires

项目类型： 文化

主创合伙人： Bjarke Ingels, Jakob Sand

项目主管： Gabrielle Nadeau

团队成员： Raphaël Ciriani, Mattia di Carlo, Lucas Stein, Semiha Toptas, Sarkis Sarkisyan, Marie Lançon, Bernhard Touzet; Model: Francisca Hamilton, Amanda Cunha

效果图制作： BRICKS

BIG

乐高之家

项目地点： 丹麦，比隆

设计年份： 2012

完工年份： 2017

项目规模： 12 000 平方米

客户： LEGO

项目类型： 文化

主创合伙人： Bjarke Ingels, Finn Nørkjær, Brian Yang
项目建筑师： Snorre Nash

团队成员： Andreas Klok Pedersen, Agne Tamasauskaite, Annette Birthe Jensen, Ariel Joy Norback Wallner, Ask Hvas, Birgitte Villadsen, Chris Falla, Christoffer Gotfredsen, Daruisz Duong Vu Hong, David Zahle, Esben Christoffersen, Franck Fdida, Ioana Fartadi Scurtu, Jakob Andreassen, Jakob Ohm Laursen, Jakob Sand, Jakub Matheus Wlodarczyk, Jesper Bo Jensen, Jesper Boye Andersen, Julia Boromissza, Kasper Reimer Hansen, Katarzyna Krystyna Siedlecka, Katarzyna Stachura, Kekoa Charlot, Leszek Czaja, Lone Fenger Albrechtsen, Louise Bøgeskov Hou, Mads Enggaard Stidsen, Magnus Algreen Suhr, Manon Otto, Marta Christensen, Mathias Bank Stigsen, Michael Kepke, Ole Dau Mortensen, Ryohei Koike, Sergiu Calacean, Søren Askehave, Stefan Plugaru, Stefan Wolf, Thomas Jakobsen Randbøll, Tobias Hjortdal, Tommy Bjørnstrup

MÉCA文化中心

项目地点： 法国，波尔多

设计年份： 2011

完工年份： 2019

项目规模： 18 000平方米

客户： Région Nouvelle-Aquitaine

项目类型： 文化

主创合伙人： Bjarke Ingels, Jakob Sand, Finn Nørkjær, Andreas Klok Pedersen
项目经理： Laurent de Carnière, Marie Lancon, Gabrielle Nadeau

团队成员： Alexander Codda, Alicia Marie Sarah Borhardt, Annette Birthe Jensen, Åsmund Skeie, Aya Fibert, Bartosz Kobylakiewicz, Bernhard Touzet, Brigitta Gulyás, David Tao, Edouard Champelle, Espen Vik, Greta Krenciute, Greta Tafel, Hyojin Lee, Ivan Genov, Jan Magasanik, Jeffrey Mark Mikolajewski, Karol Bogdan Borkowski, Katarzyna Swiderska, Kekoa Charlot, Lorenzo Boddi, Maria Teresa Fernandez Rojo, Melissa Andres, Michael Schønemann Jensen, Nicolas Millot, Ola Hariri, Ole Dau Mortensen, Pascale Julien, Paul-Antoine Lucas, Raphael Ciriani, Santiago Palacio Villa, Se Hyeon Kim, Sebastian Liszka, Seunghan Yeum, Snorre Emanuel Nash Jørgensen, Teresa Fernández, Thiago De Almeida, Thomas Jakobsen Randbøll, Yang Du, Zoltan David Kalaszi, Tore Banke, Yehezkiel Wiliardy

阿尔巴尼亚国家大剧院

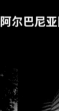

项目地点：
阿尔巴尼亚，地拉那

设计年份： 2017

项目规模： 9300平方米

客户： Fusha LLC

项目类型： 文化

主创合伙人： Bjarke Ingels, David Zahle, Cat Huang
项目主管： Lucas Carriere

团队成员： Adrianna Karnaszewska, Alexander Niemantsverdriet, Anton Malthe Ling, Carlos Suriñach, Christopher Taylor, Izabella Banas, Jakub Klimes, Jinho Lee, Edda Steingrimsdottir, Dimitrie Grigorescu, Juhye Kim, Ka Yiu Karry Li, Kei Atsumi, Kekoa Charlot, Kristoffer Negendahl, Liliana Cruz-Grimm, Matteo Dragone, Matteo Pavanello, Milyausha Garaeva, Nataly Timotheou, Ovidiu Munteanu, Sunwoong Choi, Tomas Barros, Tore Banke, Wei Yang, Yehezkiel Wiliardy, Yunzi Wang

巴黎第六大学科研中心

项目地点： 法国，巴黎

设计年份： 2011

完工年份： 2021

项目规模：
15 000平方米

客户： Sorbonne Université

项目类型： 教育

主创合伙人： Bjarke Ingels, Jakob Sand, Andreas Klok Pedersen, Finn Nørkjær, Daniel Sundlin
项目主管： Francisco Castellanos, Gabrielle Nadeau
项目经理： Robert Grimm;
项目建筑师： Alex Rivito

团队成员： Alexandre Carpentier, Camille Crepin, Edouard Boisse, Jakob Sand, Nanna Gyldholm Møller, Ole Elkjær-Larsen, Robinson Neuville, Tiina Juuti, Tobias Hjortdal, Yang Du, Quentin Blaising, Michael Leef, Gabrielle Nadeau, Filip Rozkowski, Matteo Baggiarini, Francois Ducatez, Gerhard Pfeiler, Andrea Angelo Suardi, Gul Ertekin, Boris Kadiyski, Fabio Garau, Andy Coward, Cecilie Søs Brandt-Olsen, Bjarke Koch-Ørvad, Andreas Bak, Roberto Fabbri, Aimee Desert

效果图制作： OFF Architecture

SLUISHUIS住宅

项目地点：
荷兰，阿姆斯特丹

设计年份： 2016

完工年份： 2022

项目规模：
46 000平方米

客户： VORM/BESIX

项目类型： 住宅

主创合伙人： Bjarke Ingels, Andreas Klok Pedersen, Finn Nørkjær

设计主管： Jan Magasanik, Dimitrie Grigorescu

项目经理： Jeppe Langer, Birgitte Villadsen

团队成员： Dimitrie Grigorescu, Alberto Menegazzo, Alex Ritivoi, Andrea Angela Suardi, Anna Bertolazzi, Anna Odulinska, Borko Nikolic, Brage Mæhle Hult, David Vega, Dina Brændstrup, Dominika Trybe, Duncan Horswill, Filip Radu, Frederik Skou Jensen, Helen Chen, Hessam Dadkhah, Hongduo Zhou, Jean Valentiner Strandholt, Jakob Lange, Jeppe Langer, Jonas Aarsø Larsen, Justyna Mydlak, Keuni Park, Kim Christensen, Kirsty Badenoch, Liliana Cruz-Grimm, Lone Fenger Albrechtsen, Luca Pileri, Mads Enggaard Stidsen, Mads Mathias Pedersen, Martino Hutz, Nina Vuga, Olly Veugelers, Santtu Johannes Hyvärinen, Sascha Leth Rasmussen, Sebastian Liszka, Sze Ki Wong, Ulla Hornsyld, Victoria Ross-Thompson, Vinish Sethi, William Pattison, Yannick Macken, Yu Xun Zhang, Yulong Li

概念设计： Tore Banke, Bart Ramakers, Kristoffer Negendahl, Mark Pitman

多伦多国王街住宅综合体

项目地点：
加拿大，多伦多

设计年份： 2016

完工年份： 2023

项目规模： 57 000平方米

客户：
Westbank Projects Corp.

项目类型： 住宅

主创合伙人： Bjarke Ingels, Thomas Christoffersen

项目经理： Ryan Harvey

项目设计师： Lorenz Krisai

项目建筑师： Andrea Zalewski

团队成员： Francesca Portesine, Samantha Okolita, Thomas Smith, Janie Green, Joseph Kuhn, Jenna Dezinski, Giulia Chagas, James Babin, Jan Leenknegt, Aaron Mark, Agustin Perez-Torres, Alan Tansey, Alvaro Velosa, Amina Blacksher, Andreas Buettner, Ava Kim, Beat Schenk, Benjamin Caldwell, Bryan Maddock, Breno Felisbino da Silveira, Bryan Hardin, Casey Tucker, Casimir Esbach, Chengjie Li, Chris Tron, Corliss Ng, Deborah Campbell, Douglass Alligood, Edda Steingrimsdottir, Elnaz Rafati, Evan Saarinen, Fabian Lorenz, Gabriel Jewell-Vitale, Ian Gu, Jae Min Seo, Jin Park, Joshua Burns, Juan David Ramirez, Karolina Bourou, Kayeon Lee, Lucio Santos, Iris Van der Heide, Luke Lu, Margaret Tyrpa, Mateusz Wieckowski Gawron, Josiah Poland, Margaret Kim, Megan Ng, Norain Chang, Oliver Thomas, Ovidiu Munteanu, Phawin Siripong, Rita Sio, Shu Zhao, Simon Scheller, Siva Sepehry Nejad, Agla Sigridur Egilsdottir, Cristina Medina-Gonzalez, Florencia Kratsman, Julian Ocampo Salazar, Pabi Lee, Yuanxun Xia, Tore Banke, Bart Ramakers, Kristoffer Negendahl

概念设计： Daniel Kidd, Tiago Sá, Alvaro Velosa, Brian Rome, Chris Tron, Christian Lera, Ibrahim Salman, John Hilmes, Jakob Lange, Terrence Chew, Ziyu Guo, Linqi Dong

效果图制作： Hayes Davidson

LE MARAIS À L'INVERSE改造项目

项目地点： 法国，巴黎

设计年份： 2018

项目规模：
6500平方米（新建）+6500
平方米（改建）

客户： City Nove

项目类型： 混合用途

主创合伙人： Bjarke Ingels, Jakob Sand

项目主管： Marie Lancon, Gul Ertekin

项目建筑师： Joanna Jakubowska

团队成员： Laurent de Carniere, Ka Yiu Karry Li, Danyu Zeng, Luca Pileri, Francisco Castellanos, Hulda Jonsdottir,Seungham Yeum, Masashi Hirai, Davide Pelligrini, Fabianna Cortolezzis, Monika Dauksaite, Jakub Klimes, Andrea Angelo Suardi, Sarkis Sarkisyan

米兰CITYLIFE办公综合体

项目地点： 意大利，米兰

设计年份： 2019

完工年份： 2023

项目规模： 53 500平方米

客户： Generali Real Estate

项目类型： 商业

主创合伙人： Bjarke Ingels, Andreas Klok Pedersen

项目主管： Lorenzo Boddi

团队成员： Filip Radu, Gualtiero Mario Rulli, Sabina Blasiotti, Siqi Chen, Jonathan Russell, Andy Coward, Chis Falla, Lauren Connell, Andy Young, Claire Thomas, Ryohei Koike, Nefeli Stamatari, Ioannis Gio, Youngjin Jun

效果图制作： Beauty and the Bit

BIG

创新公园

项目地点： 阿根廷，布宜诺斯艾利斯

设计年份： 2019

项目规模： 220 000平方米

客户： Grupo Inversor Petroquímica

项目类型： 混合用途

主创合伙人： Bjarke Ingels, Agustin Perez-Torres
项目主管： Kristian Hindsberg

团队成员： Andres Romero, Autumn Visconti, Haochen Yu, James Hartman, Josiah Poland, Julian Ocampo Salazar, Julie Kaufman, Kelly Neil, Mike Munoz, Siqi Zhang, Yi Lang, Mo Li, Doug Breuer, Won Ryu

WEGROW儿童共享学习空间

项目地点： 美国，纽约

设计年份： 2017

完工年份： 2019

项目规模： 1830平方米

客户： Wegrow, The We Company

项目类型： 教育

主创合伙人： Bjarke Ingels, Daniel Sundlin, Beat Schenk
项目设计师： Otilia Pupezeanu
项目建筑师： Jeremy Babel, Rita Sio

团队成员： Bart Ramakers, Douglass Alligood, Erik Berg Kreider, Evan Saarinen, Filip Milovanovic, Florencia Kratsman, Francesca Portesine, Il Hwan Kim, Jakob Lange, Ji Young Yoon, Kristoffer Negendahl, Josiah Poland, Mengzhu Jiang, Ryan Yang, Stephen Kwok, Terrence Chew, Tore Banke, Tracy Sodder, Bernard Peng, Zakir Hamza, Thea Wiradinata
概念设计： Tore Banke, Kristoffer Negendahl

城市船舱

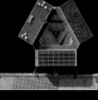

项目地点： 丹麦，哥本哈根

设计年份： 2014

完工年份： 2016

项目规模： 680平方米

客户： Udvikling Danmark A/S

项目类型： 住宅

主创合伙人： Bjarke Ingels, Jakob Sand, Jakob Lange, Finn Nørkjær
项目主管： Joos Jerne, Jesper Boye Andersen, Lise Jessen, Christian Bom

团队成员： Jonas Aarsø Larsen, Duncan Horswill, Brage Mæhle Hult, Birgitte Villadsen, David Zahle, Magdalene Maria Mroz, Jesper Bo Jensen, Dimitrie Grigorescu, Tore Banke, Annette Birthe Jensen, Perle van de Wyngert, Viktoria Millentrup, Dag Præstegaard, Toni Ma teu, Aleksandra Sliwinska, Brigitta Gulyás, Adam Busko, Nicolas Millot, Carlos Soria, Stefan Wolf, Mads Odgaard Johansen, Stefan Plugaru, Kamila Rawicka, Elina Skujina, Jacob Lykkefold Aaen, Raphael Ciriani, Agne Tamasauskaite, Aaron Hales, Ioana Fartadi Scurtu, Christian Bom, Lise Jessen

KLEIN小屋

项目地点： 美国，纽约

设计年份： 2016

完工年份： 2018

项目规模： 17平方米

客户： Klein House

项目类型： 住宅

主创合伙人： Bjarke Ingels, Thomas Christoffersen
项目主管： Max Moriyama
项目建筑师： Rune Hansen

团队成员： Jian Yong Khoo, Kalina Piłat, Tianqi Zhang, Anton Bak

DORTHEAVEJ 2预制住宅

项目地点： 丹麦，哥本哈根

设计年份： 2011

完工年份： 2018

项目规模： 6800平方米

客户： BO-VITA

项目类型： 住宅

主创合伙人： Bjarke Ingels, Finn Nørkjær
项目经理： Ole Elkjær-Larsen, Per Bo Madsen

团队成员： Alberte Danvig, Alejandro Mata Gonzales, Alina Tamosiunaite, Birgitte Villadsen, Cat Huang, Claudio Moretti, Dag Præstegaard, Daruisz Duong Vu Hong, David Zahle, Enea Michelesio, Esben Christoffersen, Ewelina Moszczynska, Frederik Lyng, Henrik Kania, Høgni Laksáfoss, Jakob Andreassen, Jonas Aarsø Larsen, Karl Aarso Larsen, Katerina Joannides, Krista Meskanen, Laura Wätte, Lucas Torres Aguero, Maciej Jakub Zawaszki, Maria Teresa Fernandez Rojo, Michael Schønemann Jensen, Mikkel Marcker Stubgaard, Nigel Jooren, Rasmus Pedersen, Robinson Neuville, Sergiu Calacean, Taylor McNally-Anderson, Terrence Chew, Tobias Hjortdal, Tobias Vallø Sørensen
模型制作： Edward Burnett, Ricardo Oliveira

山人掌大厦

项目地点:
丹麦, 哥本哈根

设计年份: 2017

完工年份: 2021

项目规模: 26 100平方米

客户: Catella

项目类型: 住宅

主创合伙人: Bjarke Ingels, David Zahle
项目主管: Jesper Bo Jensen
项目建筑师: Katrine Juul, Carlos Ramos Tenorio

团队成员: Alex Ritivoi, Alexander Codda, Andreas Mullertz, Bart Ramakers, Birgitte Villadsen, Borko Nikolic, Brage Mæhle Hult, Christian Vang Madsen, Dominika Trybe, Eskild Schack Pedersen, Espen Vik, Francois Ducatez, Gül Ertekin, Hanne Halvorsen, Helen Chen, Henrik Jacobsen, Ivana Stancic, Jean Valentiner Strandholt, Jesper Boye Andersen, Jiajie Wang, Johan Bergström, Joos Jerne, Kristoffer Negendahl, Liia Vesa, Mads Mathias Pedersen, Marcos Anton Banon, Maria Stolarikova, Mark Korosi, Nina Vuga, Pawel Bussold, Richard Howis, Richard Mui, Sascha Leth Rasmussen, Sergiu Calacean, Sze Ki Wong, Teodor Fratila Cristian, Yehezkiel Wiliardy, Fabiana Cortolezzis, Beatrise Šteina, Friso van Dijk, Christian Eugenius Kuczynski Tore Banke, Kristoffer Negendahl, Bart Ramakers, Mark Pitman

熊猫馆

项目地点:
丹麦, 哥本哈根

设计年份: 2015

完工年份: 2019

项目规模: 2450平方米

客户: Copenhagen Zoo

项目类型: 混合用途

主创合伙人: Bjarke Ingels, David Zahle
项目经理: Ole Elkjær-Larsen
项目主管: Nanna Gyldholm Møller, Kamilla Heskje, Tommy Bjørnstrup

团队成员: Alberto Menegazzo, Alex Ritivoi, Carlos Soria, Christian Lopez, Claus Rytter Bruun de Neergaard, Dina Brændstrup, Eskild Schack Pedersen, Fabiana Cortolezzis, Federica Longoini, Frederik Skou Jensen, Gabrielé Ubareviciute, Gökce Günbulut, Hanne Halvorsen, Høgni Laksáfoss, Jiajie Wang, Jinseok Jang, Joanna Plizga, Lone Fenger Albrechtsen, Luca Senise, Maja Czesnik, Margarita Nutfulina, Maria Stolarikova, Martino Hutz, Matthieu Brasebi, Pawel Bussold, Richard Howis, Seongil Choo, Sofia Sofianou, Stefan Plugaru, Tobias Hjortdal, Tore Banke, Victor Bejenaru, Xiaoyi Gao

漂浮城市

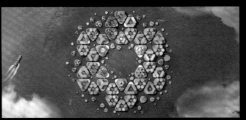

设计年份: 2019

项目规模: 75公顷

客户: Oceanix

项目类型: 公共空间

主创合伙人: Bjarke Ingels, Daniel Sundlin
项目主管: Alana Goldweit, Jeremy Alain Siegel

团队成员: Andy Coward, Ashton Stare, Autumn Visconti, Bernardo Schuhmacher, Carlos Castillo, Cristina Medina-Gonzalez, Florencia Kratsman, Jacob Karasik, Kristoffer Negendahl, Mai Lee, Manon Otto, Terrence Chew, Thomas McMurtrie, Tore Banke, Tracy Sodder, Walid Bhatt, Will Campion, Yushan Huang, Ziyu Guo

NOMA餐厅2.0

项目地点:
丹麦, 哥本哈根

设计年份: 2015

完工年份: 2018

项目规模: 1290平方米

客户: NOMA

项目类型: 文化

主创合伙人: Bjarke Ingels, Finn Nørkjær
项目经理: Ole Elkjær-Larsen, Tobias Hjortdal
项目主管: Frederik Lyng

团队成员: Olga Litwa, Lasse-Lyhne-Hansen, Athena Morella, Enea Michelesio, Jonas Aarsø Larsen, Eskild Schack Pedersen, Claus Rytter Bruun de Neergaard, Hessam Dadkhah, Allen Dennis Shakir, Göcke Günbulut, Michael Kepke, Stefan Plugaru, Borko Nikolic, Dag Præstegaard, Timo Harboe Nielsen, Margarita Nutfulina, Nanna Gyldholm Møller, Joos Jerne, Kim Christensen, Tore Banke, Kristoffer Negendahl, Jakob Lange, Hugo Yun Tong Soo, Morten Roar Berg, Yan Ma, Tiago Sá, Ryohei Koike, Yoko Gotoh, Kyle Thomas David Tousant, Geoffrey Eberle, Jonseok Hang, Ren Yang Tan, Nina Vuga, Giedrius Mamavicius, Yehezkiel Wiliardy, Simona Reiciunaite, Yunyoung Choi, Vilius Linge, Tomas Karl Ramstrand, Aleksander Wadas, Andreas Mullertz, Angelos Siampakoulis, Manon Otto, Carlos Soria

THE ORB火人节装置

项目地点： 美国，内华达

完工年份： 2019

项目规模：
直径25.5米的球体

项目类型： 文化

主创合伙人： Bjarke Ingels, Jakob Lange, Kai-Uwe Bergmann
项目主管： Laurent de Carniere

团队成员： Andy Coward, Autumn Visconti, Cecilie Søs Brandt Olsen, Chelsea Chiu, Emine Halefoglu, Ewa Zapiek, Garret Farmer, Hilda Heller, Hugo Soo, Jarrod Caranto, Karsten Vang, Lars Simesen, Lawrence Olivier Mahadoo, Mariana De Soares E Barbieri Cardoso, Natalia Serra, Quim Rabassa, Samantha Okolita, Silas Drewchin, Timo Harboe Nielsen, Sarkis Sarkisyan, Sebastian Grogaard;
模型制作： Seunghan Yeum

迪拜世博会中心广场

项目地点：
迪拜，阿联酋

设计年份： 2016

项目规模： 20 000平方米

客户： Dubai Expo 2020

项目类型： 文化

主创合伙人： Bjarke Ingels, Brian Yang
项目主管： Lucian Racovitan
项目经理： Andrew Lo

团队成员： Alejandro Hildago, Anders Kofoed, Anne Katrine Sandstrøm, Duncan Horswill, Joanna M. Lesna, Joseph James Haberl, Philip Rufus Knauf, Rahul Girish, Talia Fatte, Ulla Hornsyld, Xin Chen, Yang Huang

79 & PARK住宅

项目地点：
瑞典，斯德哥尔摩

设计年份： 2011

完工年份： 2018

项目规模： 25 000平方米

客户： Oscar Properties

项目类型： 住宅

主创合伙人： Bjarke Ingels, Jakob Lange, Finn Nørkjær
项目经理： Per Bo Madsen
项目主管： Enea Michelesio, Catherine Huang
项目建筑师： Høgni Laksáfoss

团队成员： Agata Wozniczka, Agne Tamasauskaite, Alberto Herzog, Borko Nikolic, Christin Svensson, Claudio Moretti, Dominic Black, Eva Seo-Andersen, Frederik Wegener, Gabrielle Nadeau, Jacob Lykkefold Aaen, Jaime Peiro Suso, Jan Magasanik, Jesper Boye Andersen, Jonas Aarsø Larsen, Julian Andres Ocampo Salazar, Karl Johan Nyqvist, Karol Bogdan Borkowski, Katarina Mácková, Katrine Juul, Kristoffer Negendahl, Lucian Racovitan, Maria Teresa Fernandez Rojo, Max Gabriel Pinto, Min Ter Lim, Narisara Ladawal Schröder, Romea Muryn, Ryohei Koike, Sergiu Calacean, Song He, Taylor McNally-Anderson, Terrence Chew, Thomas Sebastian Krall, Tiago Sá, Tobias Vallø Sørensen, Tore Banke, Jakob Andreassen, Tobias Hjortdal, Henrik Kania

奥克兰运动家队棒球场

项目地点： 美国，奥克兰

设计年份： 2018

项目规模： 36 000平方米

客户： Athletics Investment Group LLC

项目类型： 文体

主创合伙人： Bjarke Ingels, Agustin Perez Torres
项目主管： Simon Scheller, Otilia Pupezeanu, Frankie Sharpe

团队成员： Alejandra Cortes, Ashton Stare, Bennett Oh, Benson Chien, Breno Felisbino da Silveira, Catalina Rivera, Douglass Alligood, Francesca Portesine, James Caruso, Kam Chi Cheng, Kig Veerasunthorn, Margaret Kim, Maxwell Moriyama, Mengzhu Jiang, Norain Chang, Olga Khuraskina, Patrick Hyland, Stephanie Mauer, Stephen Kwok, Tara Abedinitafreshi, Terrence Chew, Tracy Sodder, Yeling Guo, Yerin Won, Yiyao Tang, Nojan Adami, Ziyu Guo, Haochen Yu

谷歌加勒比园区

项目地点： 美国，加利福尼亚

设计年份： 2017

项目规模： 96 800平方米

客户： Google

项目类型： 商业

主创合伙人： Bjarke Ingels, Leon Rost
项目主管： Kristian Hindsberg
技术： Sebastian Claussnitzer
项目经理： Linus Saavedra

团队成员： Daniel Sundlin, Thomas Christoffersen, Amro Abdelsalam, Andriani Atmadja, Beat Schenk, Benjamin Caldwell, Bernard Peng, Deb Campbell, Dong-Joo Kim, Douglass Alligood, Dylan Hames, Ema Baklova, Emily Chen, Florencia Kratsman, Ghita Bennis, Isabella Marcotulli, Isela Liu, Jan Leenknegt, Jason Wu, Jeff Bourke, Jian Yong Khoo, Jiashi Yu, Kayeon Lee, Kevin Yoon, Maki Matsubayashi, Manon Otto, Margaret Tyrpa, Matthew Dlugosz, Megan Ng, Nick Flutter, Patrick Hyland, Peter Sepassi, Sanam Salek, Sanghoon Park, Shane Dalke, Shidi Fu, Thea Wiradinata, Wenjing Zhang, Zhonghan Huang

GLASIR教育中心

项目地点：
法罗群岛，托尔斯港

设计年份： 2009

完工年份： 2018

项目规模： 19 200平方米

客户： Mentamalaradid/
Landsverk

项目类型： 教育

主创合伙人： Bjarke Ingels, Finn Nørkjær, Ole Elkjær
Larsen
项目建筑师： Høgni Laksáfoss

团队成员： Alberte Danvig, Alejandro Mata Gonzales,
Alessio Valmori, Alexandre Carpentier, Annette Birthe Jensen,
Armen Menendian, Athena Morella, Baptiste Blot, Boris
Peianov, Camille Crepin, Claudio Moretti, Dag Præstegaard,
Daniel Pihl, David Zahle, Edouard Boisse, Elisha Nathoo,
Enea Michelesio, Eskild Nordbud, Ewelina Moszczynska,
Frederik Lyng, Goda Luksaite, Henrik Kania, Jakob Lange,
Jakob Teglgård Hansen, Jan Besikov, Jan Kudlicka, Jan
Magasanik, Jeppe Ecklon, Jesper Boye Andersen, Ji-Young
Yoon, Johan Cool, Kari-Ann Petersen, Kim Christensen, Long
Zuo, Martin Cajade, Michael Schønemann Jensen, Mikkel
Marcker Stubgaard, Niklas Rausch, Norbert Nadudvari,
Oana Simionescu, Richard Howis, Sabine Kokina, Simonas
Petrakas, Sofia Sofianou, Takumi Iwasawam, Tobias Hjortdal,
Tommy Bjørnstrup, Victor Bejenaru, Xiao Xuan Lu
概念设计： Tore Banke, Kristoffer Negendahl

谷歌湾景园区

项目地点：
美国，加利福尼亚

设计年份： 2015

完工年份： 2020

项目规模（GBV+GCE）：
600 000平方米

客户： GOOGLE

项目类型： 商业

主创合伙人： Bjarke Ingels, Thomas
Christoffersen, Daniel Sundlin, Leon Rost
项目主管： Blake Smith, Ryan Harvey, David
Iseri, Florencia Kratsman（室内设计）
项目经理： Linus Saavedra, Ziad Shehab

团队成员： Agla Egilsdottir, Alan Tansey, Alessandra Peracin,
Ali Chen, Andriani Atmadja, Ania Podlaszewska, Armen
Menendian, Beat Schenk, Benjamin Caldwell, Bernard Peng,
Brian Zhang, Camilo Aspeny, Cheyne Owens, Christopher
Wilson, Claire Thomas, Cristian Lera Silva, Cristina Medina
Gonzalez, Danielle Kemble, Deborah Campbell, Derek Wong,
Diandian Li, Douglass Alligood, Dylan Hames, Erik Berg Kreider,
Eva Maria Mikkelsen, Guarav Sardana, Guillaume Evain, Hacken
Li, Helen Chen, Isabella Marcotulli, Isela Liu, Jan Leenknegt,
Jason Wu, Jennifer Dudgeon, Jennifer Wood, Ji-young Yoon,
Jia Chengzhen, Jian Yong Khoo, Joshua Plourde, Kalina Pilat,
Kurt Nieminen, Manon Otto, Marcus Kujala, Michelle Stromsta,
Nandi Lu, Nicole Passarella, Olga Khuraskina, Oliver Colman,
Patrick Hyland, Peter Kwak, Ramona Montecillo, Rita Sio,
Sebastian Grogaard, Seo Young Shin, Siva Sepehry Nejad,
Terrence Chew, Thomas McMurtrie, Tiago Sa, Timothy Cheng,
Tingting Lyu, Tracy Sodder, Valentino Vitacca, Vincenzo
Polsinelli, Walid Bhatt, Yesul Cho, Yina Moore, Zhonghan Huang

谷歌查尔斯顿园区

项目地点：
美国，加利福尼亚

设计年份： 2015

完工年份： 2020

项目规模（GBV+GCE）：
600 000 平方米

客户： GOOGLE

项目类型： 商业

主创合伙人： Bjarke Ingels, Thomas Christoffersen,
Daniel Sundlin, Leon Rost
项目主管： Sebastian Claussnitzer, Jason Wu, Joshua
Plourde, Jennifer Dudgeon, Jonathan Fournier,
Pantea Tehrani（室内设计）

团队成员： Aaron Ly, Agla Sigridur Egilsdottir, Alan Tansey,
Alessandra Peracin, Ali Chen, Andriani Atmadja, Ania
Podlaszewska, Armen Menendian, Beat Schenk, Benjamin
Caldwell, Benjamin Novacinski, Bernard Peng, Blake
Theodore Smith, Brian Zhang, Camilo Aspeny, Cheyne Owens,
Christopher Wilson, Claire Thomas, Cristian Lera, Cristina
Medina-Gonzalez, Danielle Kemble, David Iseri, Deborah
Campbell, Derek Wong, Diandian Li, Douglass Alligood, Dylan
Hames, Erik Berg Kreider, Eva Maria Mikkelsen, Florencia
Kratsman, Francesca Portesine, Francis Fontaine, Gaurav
Sardana, Guillaume Evain, Hacken Li, Helen Chen, Isabella
Marcotulli, Isela Liu, Jan Leenknegt, Jennifer Dudgeon,
Jennifer Wood, Ji-Young Yoon, Jia Chengzhen, Jian Yong Khoo,
Jonathan Pan, Joshua Burn, Kalina Pilat, Kiley Feickert, Ku Hun
Chung, Kurt Nieminen, Mads Kjaer, Manon Otto, Marcus Kujala,
Meghan Bean, Michelle Stromsta, Nandi Lu, Nicole Passarella,
Olga Khuraskina, Oliver Colman, Patrick Hyland, Peter Kwak,
Ramona Montecillo, Rita Sio, Ryan Harvey, Sebastian Grogaard,
Seo Young Shin, Siva Sepehry Nejad, Terrence Chew, Thomas
Mcmurtrie, Tiago Sa, Timothy Cheng, Tingting Lyu, Valentino
Vitacca, Vincenzo Polsinelli, Walid Bhatt, Yesul Cho, Yina Moore

BIG

曼哈顿螺旋塔

项目地点： 美国，纽约

设计年份： 2015

完工年份： 2023

项目规模：
265 000平方米

客户： Tishman Speyer

项目类型： 商业

主创合伙人： Bjarke Ingels, Daniel Sundlin, Thomas Christoffersen
技术总监： Douglass Alligood
项目经理： Nicholas Potts, Carolien Schippers
项目设计师： Dominyka Voelkle, Jennifer Wood
项目建筑师： Armen Menendian

团队成员： Benjamin Johnson, Ute Rinnebach, Beat Schenk, Daniele Pronesti, Stephen Kwok, Dylan Hames, Brian Rome, Peter Lee, Sarkis Sarkisyan, Lawrence Olivier Mahadoo, Adam Sheraden, Alvaro Velosa, Gabriella Den Elzen, Joshua Burns, Veronica Acosta, Francesca Portesine, Christopher Tron, Tracy Sodder, Adrien Mans, Kurt Nieminen, Cheyenne Vandevoorde, Ali Chen, Simon Lee, Thea Gasseholm, ibrahim Salman, Davide Maggio, Deborah Campbell, Christopher David White, Janice Rim, Otilia Pupezeanu, Seoyoung Shin, Wells Barber, David Brown, Cadence Bayley, Benjamin Caldwell, Hung Kai Liao, Terrence Chew, Yaziel Juarbe, Julie Kaufman, Maureen Rahman, Dong-Joo Kim, Jack Lipson, Jan Casimir, Zoltan David Kalaszi, Rachel Coulomb, Erin Yook, Jan Leenknegt, Lucio Santos, Yenhsi Tung, Martynas Norvila, Phawin Siripong, Mateusz Rek, Lisbet Christensen, Josiah Poland, Denys Kozak, Maria Eugenia Dominguez, Veronica Moretti, Juan David Ramirez, Andrew Lee, Will Fu, Michael Zhang, Ryan Duval, Haochen Yu, Luke Lu, Megan Van Artsdalen, Gabriel Jewell-Vitale, Anton Bashkaev, Gaurav Sardana, Margaret Tyrpa, Mackenzie Keith, Margaret Andreas Büttner, Agla Egilsdottir, Janie Green, Terry Chew, Tracy Sobert and Bernardo Schuhmacher
景观设计： Manon Otto, Kelly Neill, Simon David, Emily Chen, Giulia Frittoli, Varat Limwibul, Kate Cella, Morgan Mangelsen
概念设计： Tore Banke, Kristoffer Negendahl
Render Credits: Neoscape

BIG总部

项目地点：
丹麦，哥本哈根

设计年份： 2017

项目规模： 4710平方米

客户： BIG-Bjarke Ingels Group

项目类型： 办公

主创合伙人： Bjarke Ingels, Finn Nørkjær, David Zahle
项目主管： Frederik Lyng
项目经理： Ole Elkjær-Larsen

团队成员： Alda Sol, Amro Abdelsalam, Andrea Angela Suardi, Andrea Hektor, Andreas Klok Pedersen, Andy Coward, Anna Bertolazzi, Anna Wozniak, Aya Fibert, Bart Ramakers, Cecile Søs Brandt-Olsen, Dina Brændstrup, Duncan Horswill, Ewa Zapiec, Fabiana Cortolezzis, Felicia Olofsson, Gül Ertekin, Hanne Halvorsen, Helen Chen, Henrik Jacobsen, Hilda Heller, Høgni Laksáfoss, Ines Zunic, Jakob Lange, Jesper Kanstrup Pedersen, Jonathan Russell, Juhye Kim, Kanetnat Puttimettipanan, Katrine Juul, Kim Christensen, Kristoffer Negendahl, Ksenia Zhitomirskaya, Lars Thonke, Lenya Schneehage, Lisbet Fritze Christensen, Luca Pileri, Mads Enggaard Stidsen, Margarita Nutfulina, Mariana de Soares e Barbieri Cardoso, Mathieu Jaumain, Mikki Seidenschnur, Nandi Lu, Sherief Al Rifai, Tobias Hjortdal, Tore Banke, Ulla Hornsyld, Xinying Zhang, Yehezkiel Wiliardy, Yunyoung Choi, Mads Primdahl Rokkjær, Marius Tromholt-Richter, Lenya Nikola Schneehage, Francisca Hamilton

新希望之城

项目地点： 月球

设计年份： 2019

项目规模： 未公开

客户： Stealth Client

项目类型： 未公开

主创合伙人： Bjarke Ingels, Martin Voelkle
项目主管： Jason Wu

团队成员： Melissa Jones, Florencia Kratsman, Christian Salkeld

火星科学城

项目地点： 迪拜, 阿联酋

设计年份： 2017

项目规模： 56 810平方米

客户： Government Of United Arab Emirates

项目类型： 文化

主创合伙人： Bjarke Ingels, Jakob Lange, Andreas Klok Pedersen
项目主管： Dimitrie Grigorescu

团队成员： Ovidiu Munteanu, Tyrone Cobcroft, Teodor Fratila Cristian, Joao Albuquerque, Yasmin Asan, Viktoria Millentrup, Joanna M. Lesna, Diana Daod, Mattia Di Carlo, Andrea Terceros, Paula Madrid, Luca Pileri
Engineering: Cecilie Søs Brandt-Olsen, Duncan Horswill
概念设计： Kristoffer Negendahl, Tore Banke, Yehezkiel Wiliardy, Hugo Soo
景观设计： Christian Eugenius Kuczynski, Ulla Hornsyld, Joanna Anna Jakubowska, Sze Ki Wong

星球蓝图

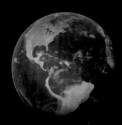

项目地点： 地球

设计年份： 2019

项目规模：
5.101亿平方千米

项目类型： 研究工程

主创合伙人： Bjarke Ingels, Andreas Klok Pedersen
项目主管： Lucian Tofan

团队成员： Sophie Peterson, Parinaz Kadkhodayi – Kholghi, Filip Radu, Carmen Wientjes, William Campion, Christina Ødegaard Grytten, Paula Madrid, Naysan Foroudi

杰克建造的房子

项目地点：
丹麦，哥本哈根

设计年份： 2018

项目规模： 10平方米

客户： Kunsthal
Charlottenborg

项目类型： 展览

主创合伙人： Bjarke Ingels, David Zahle
项目主管： Joanna Jakubowska

团队成员： Adrianna Karnaszewska, Amro Abdelsalam, Anton Malthe Ling, Antonio Pessoa, Beatrise Steina, Dave von Toor, Felicia Olofsson, Filip Radu, Joanna Wirkus, Jonas Søgaard, Matteo Pavanello, Miaomiao Chu, Monika Dauksaite, Rihards Dzelme, Seunghan Yeum, Tomas Rosello Barros, Xinying Zhang

在丹麦建筑中心举行的赋形未来展览

项目地点：
丹麦，哥本哈根

设计年份： 2019

项目规模： 1350 平方米

客户： DAC–Danish
Architecture Center

项目类型： 展览

主创合伙人： Bjarke Ingels, Kai-Uwe Bergmann, Andreas Klok Pedersen
项目经理： Gabrielle Nadeau

团队成员： Jakob Sand, Brian Yang, Cat Huang, Jakob Lange, Mattia di Carlo, Matteo Pavanello, Dimitrie Grigorescu, Scott Moon, Paula Madrid, Andre Zanolla, Amanda Cunha, Dominiq Oti, Edvard Connor Burnett, Irie Meree, Palita Tungjaroen, Ella Murphy, Francisca Hamilton, Marija Lukoseviciute, Pernille Kinch Andersen, Ricardo Oliveira, Robert Bichlmaier, Victor Moegreen, Daria Pahhota, Jesslyn Guntur, James Caruso, Jiyoon Lee, Carmelo Gagliano, Bernardo Schuhmacher, Izabella Banas, Mads Primdahl Rokkjær, Norain Chang, Davide Pellegrini, Peter Sepassi, Ada Gulyamdzhis, Qamelliah Nassir, Tiffany Wong, Elnaz Rafati, Mai Lee, Ana Maria Vindfeldt, Walid Bhatt, January Chen, Søren Dam Mortensen, Cecilie Søs Brandt-Olsen, Mantas Povilaika, Giovanni Simioni, Jae Min Seo, Ombretta Colangelo, Agnieszka Majkowska, Nick Flutter, Adam Poole, Jan Leenknegt, Tobias Hjortdal, Monika Dauksaite, Artemis Antonopoulou, Marius Tromholt-Richter, Lenya Nikola Schneehage, Tomas Barros, Cheng-Huang Lin, Alexander Jacobson, Tore Banke, Jens Majdal Kaarsholm, Kristoffer Negendahl, Anders Holden Deleuran, Duncan Horswill, Andy Coward, John Harding, Leah Peschel, Sarah Amick

回到未来

项目地点： 美国，纽约

设计年份： 2020

项目规模： 16.2 公顷

客户： Van Alen Institute
& New York City Council

项目类型： 公共空间

主创合伙人： Bjarke Ingels, Kai-Uwe Bergmann, Martin Voelkle
主管助理： Jeremy Alain Siegel
项目主管： Brandon Cappellari, Veronica Acosta

团队成员： Jeffrey Shumaker, Jamie Maslyn Larson, Christian Salkeld, Alan Fan, Lorenz Krisai, Adam Poole

主编	Bjarke Ingels
项目主管	Paula Madrid
核心团队	Geetika Bhutani, Ipek Akin, Jesslyn Guntur
赋形团队	Gabrielle Nadeau, Kai-Uwe Bergmann, Andreas Klok Pedersen, Jakob Sand, Brian Yang, Ca Huang, Jakob Lange, Mattia di Carlo, Matteo Pavanello, Dimitrie Grigorescu, Scott Moon Andre Zanolla, Amanda Cunha, Dominiq Oti, Edvard Connor Burnett, Irie Meree, Palit Tungjaroen, Ella Murphy, Francisca Hamilton, Marija Lukoseviciute, Pernille Kinch Anderser Ricardo Oliveira, Robert Bichlmaier, Victor Moegreen, Daria Pahhota, James Caruso, Jiyoo Lee, Carmelo Gagliano, Bernardo Schuhmacher, Izabella Banas, Mads Primdahl Rokkjær Norain Chang, Davide Pellegrini, Peter Sepassi, Ada Gulyamdzhis, Qamelliah Nassir, Tiffan Wong, Elnaz Rafati, Mai Lee, Ana Maria Vindfeldt, Walid Bhatt, January Chen, Søren Dan Mortensen, Cecilie Søs Brandt-Olsen, Mantas Povilaika, Giovanni Simioni, Jae Min Seo Ombretta Colangelo, Agnieszka Majkowska, Nick Flutter, Adam Poole, Jan Leenknegt, Tobia Hjortdal, Monika DauksWaite, Artemis Antonopoulou, Marius Tromholt-Richter, Lenya Nikola Schneehage, Tomas Barros, Cheng-Huang Lin, Alexander Jacobson, Tore Banke, Jens Majda Kaarsholm, Kristoffer Negendahl, Anders Holden Deleuran, Duncan Horswill, Andy Coward John Harding, Leah Peschel, Sarah Amick, Mackenzie Keith
英文文本	Bjarke Ingels
英文版团队	Morgan Day, Danielle Carter, Jeffrey Inaba
中文版团队	Shu Du (杜抒), Yimin Wu (吴宜珉)
摄影师	Aldo Amoretti, Alex Filz, Alex Medina, Alexander Piruli, Andreas Nuntun, ArchExist Photography, Benjamin Ward, Cat Huang, Chao Zhang, Cheryl Flemming & James Lane, Chris Coe, Christopher Mcanneny, Dave Burk, David Rasmussen, Dominic James Black, Ehrhorn Hummerston, Ema Peter, Eric Lefvander, Eva Seo-Andersen, Field Condition, Florent Michel, Glenn Santiago, Golden Dusk Photography, Gonçalo Pacheco, Habib Karimov, Hufton + Crow, Iwan Baan, Jakob Lange, Jamen Percy, Katelyn Perry, Kim Erlandsen, Laurent De Carniere, Laurian Ghinitoiu, Ma Ning, DSL Studio – Marco Cappelletti & Delfino Sisto Legnani, Marcus Wagner, Maris Mezulis, Matthew Carbone, Max Touhey, Nils Koenning, Olaf Rohl, Rasmus Hjortshøj, Ron Friesen, Salem Mostefaoui, Shawn Orton, Signe Don, Søren Aagaard, Søren Martinussen, Søren Rose Studio, Tomasz Majewski, Tony Oursler, Urban Rigger APS, Warren Dowson, WestBank. Render Credits: Squint Opera, DBOX, Bloomimages, OFF Architecture, Hayes Davidson, Beauty and the Bit, Neoscape
乐高建筑师	Helgi Toftegaard, Lasse Vestergård, Anne Mette Vestergård, René Askham, Lars Barstad, Rocco Buttliere, Zio Chao, Hsinwei Chi, Trine Dalsgaard Jensen, Jessica Farrell, Are Heiseldal, Elisabeth Horte, Kimura Hsieh, Shenghui Jiang, Glenn Knøsgaard, Esben Kolind, Emil Lidé, Jan Smed, Anders Thuesen, Zio Chao, Hsinwei Chi, Kimura Hsieh, Nicolas Carlier
DAC	Kent Martinussen, Martin Bang, Beate Bernhoft, Maibritt Borgen, Roger Brodzki, Jacob Bruun Hansen, Kennie Buchmann, Christine Clemmesen, Anthony Del Campo, Ricky Hansen, Yasmin Kokseby, Gökhan Kuvvetli, Maya Lahmy, Lykke Ley, Tanya Lindkvist, Mette Mousten, Andreas Rasmussen, Kenneth Skovby, Arthur van der Zaag, Kim Vedsted, Jesper Værn
米兰三年展团队	Stefano Boeri, Lorenza Baroncelli, Violante Spinelli, Valentina Barzaghi, Alessandra Montecchi, Dario Zampiron, Eugenia Fassati, Roberto Giusti, Damiano Gulli, Gabriele Rosmino
创意评审	Andrew Zuckermann, Spencer Bailey, Omar Sosa, Scott Dadich, Patrick Godfrey, Dev Finley, Kirsten Golden
技术图、效果图及未标明摄影师的实景图	BIG (Bjarke Ingels Group)

感谢我们的合作伙伴

Andreas Klok Pedersen, Finn Nørkjær, Sheela Maini Søgaard, Kai-Uwe Bergmann, David Zahle, Jakob Lange, Thomas Christoffersen, Jakob Sand, Brian Yang, Daniel Sundlin, Cat Huang, Agustín Pérez-Torres, Beat Schenk, Leon Rost, Martin Voelkle, Ole Elkjær-Larsen and to all BIGsters in Copenhagen, New York, London and Barcelona

感谢我们的客户和合作者

Jeffrey Inaba, Didier Lootens, Solène Wolff, Jan Bunge, Che Pearlman, Helgi Toftegaard, Lasse Vestergård, Anne Mette Vestergård, René Askham, Lars Barstad, Rocco Buttliere, Zio Chao, Hsinwei Chi, Trine Dalsgaard Jensen, Jessica Farrell, Are Heiseldal, Elisabeth Horte, Anders Horvath, Kimura Hsieh, Shenghui Jiang, Glenn Knøsgaard, Esben Kolind , Emil Lidé, Jan Smed, Anders Thuesen, AFOL, Adam and Rebekah Neumann, Jonah Nolan and Lisa Joy, Aaron Koblin, Chris Milk, Douglas Coupland, David Eagleman, Jeppe Hein, Scott Dadich, Andrew Zuckermann, Michel Rojkind, Vardemuseerne, University Of Massachussets, Blumenfeld Development Group, Ubs Fund Management, Nüesch Development, Christoph Merian Stiftung, Metrovacesa, Endesa, Groupe Galeries Lafayette, Vella Group, Audemars Piguet, S. Pellegrino, Nestlé, Commerz Real, Hfz Capital Group, Lassen Ricard, Kommuneqarfik Sermersooq, Nexus, Tavistock Group, Shenzhen Energy Company, Stoneweg Spain, Axa, The City Of New York, Mayor's Office Of Resiliency, Rockefeller Foundation/Rebuild By Design, Amager Ressource Center, Fonden Amager Bakke, Københavns Kommune, Tårnby Kommune, Hvidovre Kommune, Frederiksberg Kommune, Dragør Kommune, Copenhill, Virgin Hyperloop One, Imkan, Mads Peter Veiby, Westbank, Kistefos, Région Nouvelle-Aquitaine, Frac, Alca, Oara, Europacity, Fusha, Municipality Of Tirana, Lego, Besix, Vorm, Sorbonne Université, Citynove, Glasir, Société Du Grand Paris, Taller Multidisciplinar, Arlington Public Schools, Rune Kilden, Rfr Holding, Capitaland, Tishman Speyer, Silverstein Properties, Emaar Properties, Uia Management, Expo 2020, Austin Sports & Entertainment, Oscar Properties, Durst Organization, Oakland A's, WeWork, WeGrow, Klein House, Serpentine Galleries, Bo-Vita, Catella, Høpfner Projects, Urban Rigger, Noma, Copenhagen Zoo, Philadephia Zoo, Oceanix, Google, By & Havn, Taiwan Land Development Corporation, Mohammed Bin Rashid Space Centre, Dubai Municipality, Government Of United Arab Emirates, Dubai Future Foundation, Ruth Otero and Darwin Otero Ingels

特别感谢丹麦建筑中心和米兰三年展

AGC *INTERPANE*

Artemide

BECKETT·FONDEN

BrandFactory®
TURNING CONCEPTS INTO REALITY

Transport- Bygnings-
og Boligministeriet

Dow®

ERHVERVSSTYRELSEN

Fogs Fond®

FRITZ HANSEN

GAGGENAU

GROHE · Pure Freude an Wasser

HAY

HOLMRIS B8

INDUSTRIENS
FOND FREMMER DANSK
KONKURRENCEEVNE
The Danish Industry Foundation

JANSEN
Steel Systems

JUNG

Kultur
MINISTERIET

kvadrat

LAUFEN

LEGO®

特别感谢HBO电视网和Zentropa制片公司

2020

我是在米拉莱斯（Enric Miralles）和塔格里亚布（Benedetta Tagliabue）设计的巴塞罗那圣卡特琳娜市场撰写的这篇后记。我戴着口罩，其他人也如此，无论在城市、在乡村，还是在世界各地。我手机里的照片看起来就像 HBO 电视网的反乌托邦电影《守望者》（Watchmen）的剧照。我在 2020 年"大封锁"（The Great Lockdown）之前完成了这本书的序言（"从成形到赋形"）。半年后，这个世界发生了巨大的变化。

截至我撰写这篇后记之时，全球报道的因新冠病毒而死亡的人数已达到 60 多万人，而且这个数字还在上升。据国际货币基金组织预测，到 2022 年底，"大封锁"造成的全球损失将达到 12 万亿美元，并引起各种社会问题。在这样的灾难性事件中，不同的人受到的影响也迥然不同。"大封锁"的力量和它所引发的全世界人类的相互支持可能会带来新的希望，变化也将随之而来。

在封锁的最初几周里，随着世界各地的建筑师、设计师和制造商返回他们的车间和工厂，加快制造紧急医疗设备，我们看到了分布式生产的潜在力量。我们的 3D 打印农场成功地生产了两万多个防护面罩和可以增强呼吸机性能的零件，为美国、英国、西班牙和丹麦的医院提供补给。这种全新的概念让人感到欣慰，一种嵌套在社会结构中的分布式、休眠式生产能力，可以自由、灵活地适应和应对突发的、不可预见的需求。

我们看到了我们为城市创造的建筑所产生的社会影响。当我看到 V-house 的三角形阳台将外墙立面变成了一个垂直广场，125 个家庭在安全的社交距离下一起庆祝生日和节日时，我被感动了。或者，"8"字形住宅让居民可以每天在日落前都聚在一起欢唱，500 个家庭重新发现了社区的力量。通过为住宅和居民们所创造的社交和视觉联系赋形，我们帮助并促进了社区的发展。

我们看到，面对迫在眉睫的威胁，世界动用了大量资金，其中包括机会成本和公共补贴。这激发了人们的乐观情绪，我们或许能够在面对气候危机时采取同样的行动：我们所知的巨大威胁就在眼前，但不知何故，人类一直无法对此做出应对。受到全球互相支持的鼓舞，我感到十分乐观，因为如果提出合适的解决方案，公共和私人基金都可能愿意调遣所需的资源，并制定必要的法规，以避免气候崩溃。我们以星球蓝图的形式发起的来自集体智慧的地球总体规划，可能会成为一个有用的工具。之前，我们总是忽视科学家的警告和建议，现在人类都在承受这一后果。

们发现远程协作并不像我们想象的那么糟糕。事实上，由于不必每时每刻都在现场，我们获得了只需思想在场的奢侈享受。突然间，本地人才变成了全球人才。只要有最适合这份工作的人，那就没有什么能阻止我们组建一个理想的团队，无论这个人身处何地。在某种程度上，Zoom 和 Teams（视频会议软件）的相互竞争，使我们有机会比以往任何时候都能更清晰地表达我们的价值观和原则。远程协作可以为我们提供一个新的思路，让我们明白如何将原则转化为设计原则——如何将价值（value）转化为空间（volume），而不是被物质所诱惑，或被共识的力量所强迫。我感觉到，尽管彼此完全隔离，但是我们过去几个月一直在做的工作变得更加清晰和严谨，这感觉就像是原则力量的复兴。

最后，就像血栓和幽闭恐惧症对我们的身心健康构成威胁一样，我们的城市——这些富有生产力和创造力的中心——显然缺乏一种资源，而这种资源恰好是建筑师的原材料——空间，即户外的、露天的、自由的、灵活的、公共的空间。充满了有机生命的空间其亲生物性不仅可以净化空气，将二氧化碳转化为氧气，还可以改善人类的健康，提高人类的福祉、生产力和创造力。丰富的社交空间，应免费供所有人使用，无限制进入，且没有 VIP 围栏或保安。

今年年初，我们开始研究如何提高城市的流动性、连通性、自主性，并通过出行即服务的概念将一个日本城市街区的汽车街道转变成一个由公园、散步道，以及相互联系的社交和环境空间网络构成的"编织城市"。在"大封锁"期间，我们设想将这些原型想法应用到我们 DUMBO 办公室窗外的纽约地标——布鲁克林大桥上。我们发现，在布鲁克林大桥的巅峰时期，从桥上过河的人数是现在的 3 倍多。而现如今，在桥上移动的基本都是汽车，而不是行人。我们正把行人和骑自行车的人塞进拥挤而危险的被汽车尾气笼罩的人行道上。我们提议从布鲁克林大桥开始将汽车车道变成人行道，将桥的南部变成一个新的广场或空中散步长廊，而桥的北部则是智能和机动驾驶车辆的高容量混合空间，也包括自行车空间。我们建议将这个方案渗透到五个行政区的其他地方，形成一个人行街道网络，提供自由的空间、方便的个人出行方式，以及文化娱乐空间，在考虑城市的社交和环境层面的同时，缓解城市持续拥堵的压力。也许"大封锁"带来的迫切而迅速增加的需求最终会对我们的城市产生永久性的影响——甚至使之变得更好。也许下一次不需要"大封锁"来创造机会，我们也会让世界变得更友好、更公平、更慷慨、更亲切、更社会化、更可持续，因为我们越善于用批判和好奇的眼光看待我们所拥有的东西，我们就越会对现状产生质疑，并幻想出一个我们更愿意生活在其中的未来。然后，我们要做的就是记住我们有能力为它赋形

美国，纽约
16.2公顷/公共空间

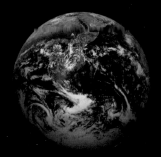

图书在版编目（CIP）数据

赋形未来 / 丹麦 BIG 建筑事务所著；付云伍译 .—
桂林：广西师范大学出版社，2023.1（2023.6 重印）
ISBN 978-7-5598-5343-1

Ⅰ . ①赋… Ⅱ . ①丹… ②付… Ⅲ . ①建筑设计
Ⅳ . ① TU2

中国版本图书馆 CIP 数据核字 (2022) 第 159483 号

赋形未来
FUXING WEILAI

出 品 人：刘广汉
责任编辑：冯晓旭
助理编辑：马韵蕾
封面设计：马　珂
装帧设计：丹麦 BIG 建筑事务所
广西师范大学出版社出版发行

（广西桂林市五里店路 9 号　　邮政编码：541004
　网址：http://www.bbtpress.com　　　　　　　　）
出版人：黄轩庄
全国新华书店经销
销售热线：021-65200318　021-31260822-898
凸版艺彩（东莞）印刷有限公司印刷
（东莞市望牛墩镇朱平沙科技三路 邮政编码：523000）
开本：787 mm×1 092 mm　　1/16
印张：46.25　　　　　　　字数：450 千字
2023 年 1 月第 1 版　　　2023 年 6 月第 2 次印刷
定价：288.00 元